KB006900

알아두면 득이 되는 생활 속 통계학

일러두기

- 모든 각주는 옮긴이의 주입니다.

알아두면 득이 되는 생활 속 통계학

사토 마이 지음 | 이정현 옮김

시그마북스
Sigma Books

알아두면 득이 되는
생활 속 통계학

발행일 2023년 3월 20일 초판 1쇄 발행
지은이 사토 마이
옮긴이 이정현
발행인 강학경
발행처 시그마북스
마케팅 정제용
에디터 최윤정, 최연정
디자인 김문배, 강경희

등록번호 제10-965호
주소 서울특별시 영등포구 양평로 22길 21 선유도코오롱디지털타워 A402호
전자우편 sigmabooks@spress.co.kr
홈페이지 http://www.sigmabooks.co.kr
전화 (02) 2062-5288~9
팩시밀리 (02) 323-4197
ISBN 979-11-6862-115-2 (03410)

3
1
2

차례

시작하며

A 상사에 다나카와 야마다(둘 다 가명이다)라는 사원 두 명이 입사했다. 입사 시점에 두 사람에 대한 평가는 거의 비슷했다. 하지만 3년 후, 두 사람 사이에 큰 격차가 벌어졌다. 다나카의 제안서는 연이어 통과되었고 큰 프로젝트에도 참여할 수 있게 되었다. 매일 바쁘게 지냈지만 야근은 거의 하지 않았고 눈에 띄는 실수도 없었다.

한편 야마다는 제안서를 공들여 만들어도 퇴짜를 맞기 일쑤였고, 야근을 많이 하는 것에 비해 이렇다 할 성과가 없었다. 피곤이 쌓여서인지 실수를 반복하기도 했다. 그렇다면 두 사람 사이의 이러한 차이는 어디서 비롯된 것일까?

이것은 단순히 가상의 이야기가 아니라, 내가 데이터 분석 컨설턴트로서 많은 기업과 함께 일하며 여러 번 목격한 적이 있는 사례이자, 경영자들이 컨설팅을 요청하게 만드는 고민거리다. 나는 기업이 가지고 있는 데이터를 분석하고 그것을 바탕으로 전략을 세우는 일을 하고 있다. 판매 데이터, 인사·재무 데이터 등 기업에는 다양한 데이터가 활용되지 않은 채 잠들어 있다. 거기에서 어떤 규칙성을 발견해 조직의 의사결정을 돕는 것이 나의 주요 업무다.

어떤 업무 개선 프로젝트에서는 '적은 시간을 투자해 성과를 내는 사람과 그러지 못하는 사람의 차이는 무엇인가?'라는 주제로 조사 분석을 실시했다. 바꾸어 말하면 '야마다는 어떻게 해야 성과를 낼 수 있는가'를 조사한 것이다.

조사는 직원들을 하루 종일 모니터링하면서 때때로 '지금 어떤 일을 하고 있습니까?', '그 일은 왜 하는 것입니까?'라는 질문을 던지는 방식으로 진행되었다. 조사 대상의 행동과 인터뷰를 통해 알게 된 것은 고성과자는 '언어화'를 할 수 있다는 것이었다. 더욱 분명하게 말하자면 저성과자는 고성과자들에게는 당연한 '언어화'를 하고 있지 않았다.

예를 들어, 저성과자는 "지금 어떤 일을 하고 있습니까?"

라는 질문에는 "지금은 자료를 복사하고 있습니다"라고 대답하고, "그 일은 왜 하는 것입니까?"라는 질문에는 "회사에서 제가 맡은 일이라서요", "해야 하는 일이니까요"라고 대답하는 경향이 있었다. 한편 고성과자는 현재 자신이 하고 있는 일의 목적, 각 작업의 소요 시간과 필요한 공정을 더 정확하게 파악하면서 일을 하고 있었다.

또 다른 조사에서는 실적이 좋은 영업사원과 그렇지 않은 영업사원의 차이는 '영업일지 쓰는 법'에 있다는 사실이 밝혀졌다. 분명하게 드러난 차이는 분량이었다. 저성과자인 영업사원은 영업일지에 빈 곳이 많았지만 고성과자인 영업사원은 영업일지를 충실하게 채우고 있었다(단, 요점을 알기 어려울 정도로 양이 많은 경우는 여기에 해당하지 않는다).

이 두 가지 조사 외에 다른 조사에서도 비슷한 결과가 나왔으므로, '언어화'를 일을 잘하는 사람들의 특징으로 꼽을 수 있겠다. 일을 잘하는 사람에게는 당연한 이야기로 들리겠지만, 업무의 목적과 목표를 설정하고 그것을 이루기 위해 어떤 과정을 거쳐야 하는지 그릴 수 있는 사람은 목적을 달성하기가 더욱 쉽기 때문이다.

'데이터를 활용하지 못하는 게 아까워서 활용해보고 싶

다'며 컨설팅을 요청해오는 기업에게 '데이터를 활용해서 무엇을 하고 싶은가'를 질문했을 때 명확한 답변이 돌아오지 않는 경우가 종종 있다. '데이터를 분석하면 뭔가 새로운 것을 발견할 수 있을 것이다.' 'AI(인공지능)를 도입하면 알아서 실적을 올려줄 것이다.' 이러한 기대로 AI 같은 기술을 도입했을 때 도움을 받지 못하는 경우가 많다. 제대로 사용할 줄 모르는 고도의 분석 도구를 마련한 후에 '그래프를 깔끔하게 그릴 수 있게 되었을 뿐'이라고 한탄하는 기업도 꽤 있다.

또한 외부의 데이터 분석가를 고용하면 '업계에서는 당연시되는 사실'을 밝혀내는 데에 그치기도 한다. 이러한 경우에도 역시나 언어화가 중요하다. 데이터 분석가가 방대한 데이터를 앞에 두고 가장 먼저 해야 하는 질문은 '이것으로 도대체 무엇을 하고 싶은가'이기 때문이다.

여기서 언어화란 다음과 같은 의미만 있는 것은 아니다.

- 다른 사람에게 어떤 사실을 이해하기 쉽게 설명하는 것
- 자신의 의견을 정확하게 전달하는 것
- 경험이나 감이 아니라 데이터 같은 근거를 바탕으로 주장하는 것

통계학과 확률론의 역사를 돌아보면 두 분야가 **'도대체 무엇을 하고 싶은가', '어떤 문제를 해결하고 싶은가'에서 시작되었다**는 것을 알 수 있다.

요즘은 명확하게 구분하지 않지만, 통계학과 확률론은 역사를 거슬러 올라가 보면 서로 다른 분야에서 연구되었다. 확률론은 16세기 이탈리아에서 머리는 좋지만 조금 특이한 사람들이 '수학적으로 도박에서 이기는 방법은 없을까?'를 진지하게 연구하면서 탄생했다.

일부 데이터로 전체를 추측하는 '추측 통계학'은 현대에도 널리 알려져 있는데, 그 분야의 기초는 17세기 영국 상인이 구축했다. 그 상인은 교회의 자료를 바탕으로 작성된 '사망통계표'에서, 전염병이 돌던 당시에 '36%의 아이들이 6세가 되기 전에 사망한다'는 사실을 밝혀냈다.

'수학적으로 도박에서 이기는 방법은 없을까?'라는 질문에서 시작된 것이 확률론이고, '병으로 사망하는 사람들에게 어떠한 규칙성이 있는 것은 아닐까?'라는 질문에서 시작된 것이 통계학이다. 확률론이 '필승법을 알아내기 위한 학문'이라면, 통계학은 '규칙을 발견하기 위한 학문'이라는 차이가 있지만, 두 가지를 구별하는 것은 의미가 없으므로 '확률·통계'라고 묶어서 말해도 무방하다.

확률·통계의 선구자들은 다음과 같은 수수께끼를 풀고 싶어 하는 마음에서 연구를 시작했다.

- 이 수상한 민간요법은 정말로 효과가 있을까?
- 전쟁 중에 사망하는 사람들은 전사하는 것이 아니라, 비위생적인 환경 때문에 목숨을 잃은 것은 아닐까?
- '우유를 먼저 넣은 밀크티'와 '홍차를 먼저 넣은 밀크티' 중 어느 것이 더 맛있을까?
- 이 와인의 가격이 앞으로 얼마나 오를지 계산할 수 있을까?

말하자면 확률·통계는 '숫자를 이용해 실생활의 수수께끼를 푸는 것'이다. '나(또는 조직)는 무엇을 하고 싶은 것인가?'와 '그것은 어떻게 해야 이룰 수 있는가?'를 구체화하는 것이자, 앞서 말한 '언어화된 상태'라고 정의할 수 있다.

한편 '숫자로 대화할 수 있는 능력'은 매우 중요하다. 왜냐하면 세계 공용어는 영어가 아니라 숫자이기 때문이다. 확률·통계는 세계 공용어인 숫자로 세상을 올바르게 해석하고 언어화하며 타인과 소통할 수 있게 해주는 강력한 무기다.

지금까지 시행된 여러 연구에서도 '숫자에 강하면 인생이 한결 쉬워진다'는 결과가 나왔다. 구체적으로는 문제 해결력과 수입, 행복도에 영향을 준 것으로 나타난 것이다. 그러니 이제부터 이렇게 강력한 무기를 갈고 닦아서 인생을 쉽게 만들어보자.

이런 말을 하고 있는 나 역시, 사실은 엄청난 수학 알레르기의 소유자였다. 초등학생 때부터 산수 때문에 좌절했고 숙제는 어머니가 대신 해주시기도 했다. 지금도 수식이 나오는 전문서적을 읽으면 숙면을 취할 수 있다. 하지만 아주 우연히 멋진 스승님을 만난 덕분에 무턱대고 싫어하던 통계학과 마주할 수 있었고, 강력한 무기를 가질 수 있게 되었다. 그 결과 지금은 사회인을 위한 통계학, 데이터 분석 강좌를 열기도 하고, 이렇게 확률·통계 관련 책을 쓰기도 한다. 나 역시 믿기 어려운 일이다.

만약 내가 기억상실증에 걸리게 된다면 확률·통계는 반드시 다시 배울 것이다. 이 책은 수학 알레르기가 있는 내가 기억상실증에 걸렸을 때 가장 먼저 읽을 확률·통계 책이라는 마음으로 썼다. 직관적인 이해를 중요시하기 때문에 교과서의 순서에 얽매이지 않았고 친근한 사례를 다루었으니 각자의 일상생활과 업무에 대입해보기를 권한다.

이 책을 통해 독자 여러분의 일과 생활이 더욱 풍요로워지기를 진심으로 바란다.

제 1 장

가위바위보 필승법

큰 수의 법칙

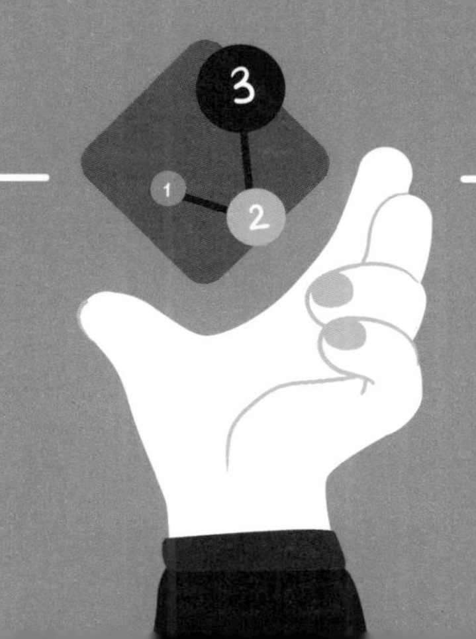

가위바위보에서 반드시 이기는 것은 '보'?!

승패가 운으로 결정되는 게임 중에서 우리에게 가장 친숙한 건 가위바위보일 것이다. 세 종류의 손 모양(가위, 바위, 보) 중 하나를 내고 각자가 낸 손 모양의 관계에 따라 승패가 나뉘는 간단한 게임이다. 동전 던지기나 제비뽑기와 달리 도구를 준비할 필요도 없고, 승패가 단시간에 결정되다 보니 세계 각지에 이와 비슷한 게임이 존재한다.

영어권에서는 'Rock Paper Scissors(줄여서 RPS)'라는 이름으로 불리기도 하는데, 게임의 규칙은 가위바위보와 똑같다. 가위바위보의 유래에 대해서는 여러 가지 설이 있는데, 일본에서는 에도시대에서 메이지시대 사이에 발명된 것으로 보고 있다.* 이러한 가위바위보에 통계를 바탕으로 한 필승법이 있다는 사실을 알고 있는가?

인간에게는 버릇이 있기 마련이다. 말할 때, 걸을 때, 생각할 때, 선택할 때, 자기도 모르게 어떤 버릇이 나온다. 가위바위보를 할 때에도 마찬가지다. '무엇을 내는지는 사람마다 다른 것 아닌가?' 하는 생각이 들 수도 있다. 하지만 큰 틀에서 보면 '가위, 바위, 보를 내는 확률'은 편중되어 있다. 가위바위보가 공정한 규칙을 따르는 게임이긴 하지만, '가위바위보에 특히 강하다'는 평가를 듣는 사람이 있다면, 여기서 소개할 '가위바위보 필승법'을 이미 활용하고 있는 것일지도 모른다.

2009년 〈일본경제신문〉에 실린, 오비린대학교의 요시자와 미쓰오 교수의 '가위바위보 연구 결과'에 따르면 학생 참가자 725명을 대상으로 가위바위보를 총 1만 1567번 시행한 결과, 각 손 모양이 나온 횟수는 다음과 같았다.

바위 : 4054번

* 우리나라에는 일제 강점기에 일본을 통해 전해졌고, 아동문학가 윤석중이 '가위바위보'라는 이름을 붙였다고 한다.

가위 : 3849번

보 : 3664번

이것을 백분율로 바꾸면 다음과 같다.

바위를 낼 확률 : 4054/11567 = 35.0%

가위를 낼 확률 : 3849/11567 = 33.3%

보를 낼 확률 : 3664/11567 = 31.7%

바위를 내는 사람이 가장 많았고, 다음은 가위, 보의 순이었다. 자신이 바위를 냈을 때 이기는 경우는 상대방이 가위를 냈을 때이므로, 바위를 내고 이길 확률은 33.3%다.

나머지 경우도 같은 방식으로 계산하면 다음과 같다.

자신이 가위를 냈을 때 이길 확률 : 31.7%

자신이 보를 냈을 때 이길 확률 : 35.0%

즉, '보를 내는 것이 이길 확률이 가장 높은 전략'이다(그림 1-1).

[그림 1-1] 이길 확률이 높은 손 모양

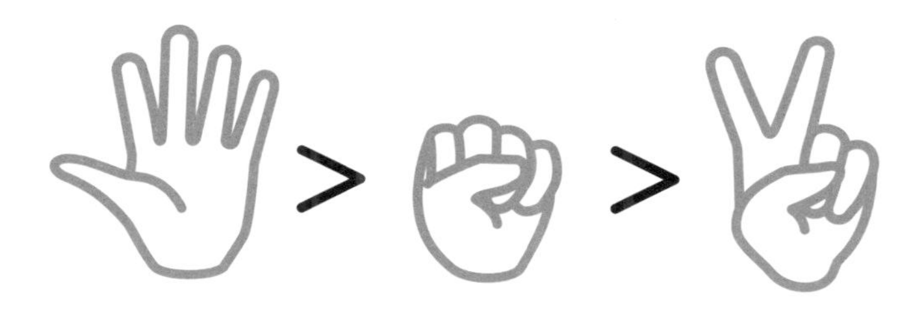

이러한 승률의 차이가 '오차 범위' 내에 있는 것이라 생각할 수도 있지만, 이는 통계적으로 유의미한 차이라고 확인되었다(이것을 '유의차'라고 한다).

심리학에서는 '인간은 경계심이 생기면 주먹을 쥐는 경향이 있다'거나, '가위는 바위나 보에 비해 손 모양을 만들어서 내기 어렵다'고 설명하기도 한다. 버릇은 인간이 무의식 상태일 때 더욱 쉽게 나오므로 상대방이 술에 취했을 때나 피곤한 상태일 때가 가위바위보에서 이길 수 있는 절호의 기회일지도 모른다. 또한 자신이 가위바위보를 제안한 경우에는 "가위, 바위, 보"라는 구호를 빠르게 외쳐서 상대방에게 생각할 틈을 주지 않으면 '가위바위보를 할 때의 버릇'이 더욱 쉽

[그림 1-2] 가위, 바위, 보의 특징

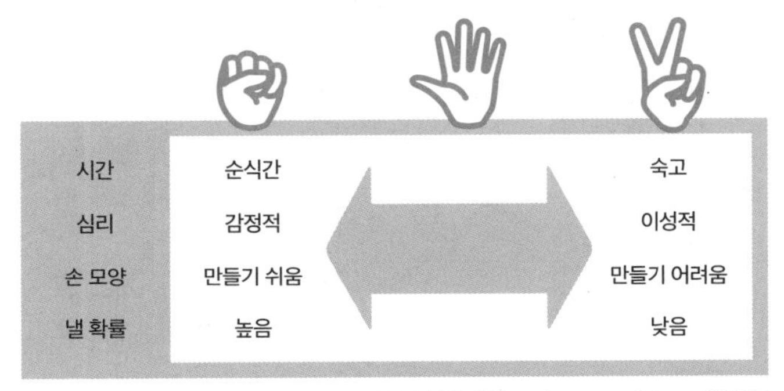

일본 가위바위보협회(https://japan-rps.jimdofree.com)에서 인용

게 나타날 것이다(그림 1-2).

이것이 바로 첫판에 무엇을 낼지에 대한 전략이다. 요시자와 교수의 연구에서는 '비겼을 때는 다음 판에 무엇을 내는 게 유리한가'에 대해서도 알아보았다. 연구 결과, 비겼을 때 다음에도 같은 것을 낼 확률은 22.8%였다.

예를 들어, 첫판에 자신과 상대방 모두 바위를 내서 비겼다고 해보자. 그러면 상대방이 다음 판에도 바위를 낼 확률이 22.8%라는 뜻이다. 만약 무작위로 가위, 바위, 보 중 하나를 낸다면 각각의 확률은 1/3(약 33%)이므로 22.8%는 꽤 낮은 확률이다. '왠지 다른 것을 내고 싶다'는 '선택할 때의 버릇'이 발현된 것으로 보인다.

통계수리연구소의 이시구로 마키오 명예교수가 만든 '가위바위보 게임'에서는 인간과 컴퓨터가 겨루어서 먼저 30점을 얻는 쪽이 이기는 경기를 총 5만 번 시행했을 때, 컴퓨터의 승률이 60%를 넘었다.

컴퓨터가 인간의 버릇 14가지를 고려해 승부를 겨루면서 패턴을 분석해서 인간이 다음에 무엇을 낼지 판단한 것이다. 이시구로는 "인간이 컴퓨터의 손을 읽으려고 하면 그것 역시 버릇으로 읽히므로 오히려 컴퓨터의 승률이 높아진다. 따라서 아무 생각 없이 내는 것이 (승률이 50%가 되므로) 가장 좋은 전략이다"라는 의견을 남겼다.

그렇다면 '상대방이 같은 것을 연속으로 낼 확률은 낮다'는 점을 이용해, 비긴 후 다음 판에서 이길 확률을 높이는 방법을 생각해보자.

예를 들어, 자신과 상대방이 모두 바위를 내서 비겼다고 하자. 다음 판에 상대방이 또 바위를 낼 확률은 22.8%이므로, 가위나 보를 낼 확률은 77.2%(= 100% - 22.8%)이다. 그러

[그림 1-3] 비긴 후 다음 판에 낼 것

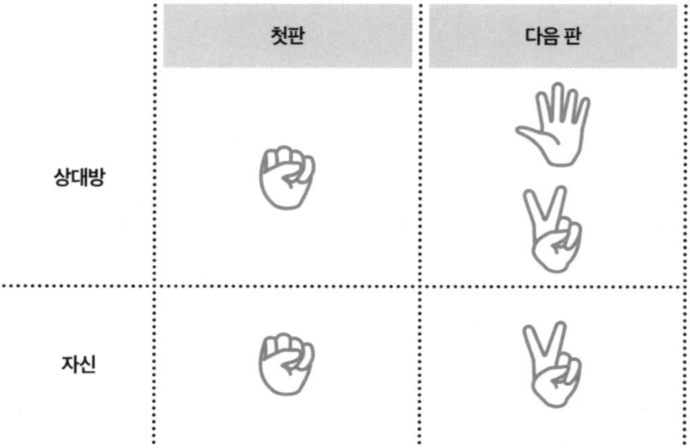

	첫판	다음 판
상대방		
자신		

니 가위를 내면 77.2%의 확률로 지지 않는다(그림 1-3).

이와 같은 방식으로 가위나 보를 내서 비겼을 때 다음 판에 지지 않을 확률이 높은 것을 따져보면 다음과 같다.

첫판에 바위로 비겼을 때 : 다음 판에는 가위를 낸다
첫판에 가위로 비겼을 때 : 다음 판에는 보를 낸다
첫판에 보로 비겼을 때 : 다음 판에는 바위를 낸다

이것이 최선의 전략이다.

외우는 방법도 간단하다. '두 사람이 가위바위보를 해서 비겼을 때, 다음 판에는 처음 낸 것에 지는 것을 낸다'고 기억하면 된다.

'큰 수의 법칙'을 지배하는 사람이 도박판을 지배한다

앞에서 '가위바위보 필승법'이라고 표현한 것이 무색하게도, 사실 운으로 승패가 갈리는 게임이나 도박에 100% 이길 수 있는 방법이란 존재하지 않는다. 10명과 가위바위보 대결을 할 때 첫판에 가장 강한 '보'를 내더라도 약 3명(31.7%의 확률)에게는 진다. 확률이 100%가 아닌 이상, 예상과 다른 사건이 일어날 가능성이 있는 것이다.

가장 승률이 높을 것으로 예상되는 '첫판에 보를 낸다'는 선택이 틀린 것은 아니지만, 그것보다 좀 더 승률을 높일 수 있는 방법이 있다. 바로 딱 한 판으로 승패를 가르는 것이 아니라, 여러 번 승부를 겨루어서 이긴 횟수가 많은 쪽이 승리하는 것으로 규칙을 정하는 것이다.

이해하기 쉽게 스포츠에 빗대어 생각해보자. 배구는 5세트 중 3세트를 먼저 따내는 팀이 승리한다. 만약 한 세트만으로 승부가 결정된다면 어떨까? 올림픽에서 우리나라 국가대표팀이 그 한 세트에서 패배하면, '이번에는 어쩌다 진 것일 뿐이야. 우리나라 선수들의 실력은 그것보다 뛰어나'라거나 '지금보다 경기 시간을 늘리지 않으면 진짜 실력의 차이를 알 수 없어'라는 생각이 들지도 모른다.

대부분의 스포츠에서는 경기를 여러 번 치러서 종합적으로 승패를 결정한다. 한 경기만으로 승패를 결정지으면 운 좋게 이기는 경우가 생기지만, 장기전으로 여러 번 경기를 치르면 정말 실력 있는 팀이 이기게 된다는 통계적인 전제를 근거로 하기 때문이다.

가위바위보로 치면, '진짜 실력 = 각 손 모양의 승률'이라고 볼 수 있다.

자신이 바위를 냈을 때 이길 확률 : 33.3%

자신이 가위를 냈을 때 이길 확률 : 31.7%

자신이 보를 냈을 때 이길 확률 : 35.0%

잠재적인 승률에 편향이 있는 경우에 장기전을 치르면 진짜 실력이 데이터에 잘 드러난다는 것을 '큰 수의 법칙'이라고 한다.

주사위를 예로 들어 큰 수의 법칙에 대해 알아보자.

주사위를 던졌을 때 각 주사위 눈의 숫자 1~6이 나올 확률은 모두 1/6이다. 1/6은 약 16.67%이다. 이 16.67%를 각 숫자가 나올 '진짜 실력'을 나타내는 숫자라고 이해하자. 주사위는 반듯한 정육면체이므로 각 숫자의 진짜 실력은 16.67%로 모두 같다. 즉, 모든 결과가 발생할 확률이 동일한 것이다.

각 주사위 눈이 나올 확률은 이론상으로는 같지만, 실제로 주사위를 여섯 번 던졌을 때 1~6이 반드시 한 번씩 나오는 것은 아니다. 1만 여섯 번 연속으로 나올 수도 있는 것이다.

확률과 관련된 현상을 실험하거나 관찰하는 것을 '시행'이라고 한다. 주사위를 던지는 횟수(시행 횟수)를 12번으로 늘린다면 주사위의 각 숫자가 나올 횟수의 기댓값은 얼마가 될까?

12번 × 1/6 = 2

이렇듯 주사위를 12번 던지면 1~6은 각각 2번씩 나올 것이라고 계산된다. 컴퓨터로 시뮬레이션해보면 [그림 1-4]와 같은 결과가 나온다.

각 주사위 눈이 나올 횟수의 기댓값은 2번이지만, 2와 6은 한 번도 나오지 않은 한편, 5는 네 번이나 나왔다. 각 주사위 눈이 나올 확률도 0~33.3%로 서로 다르다.

시행 횟수를 60번, 600번, 6000번, 6만 번으로 늘리면 어떤 결과가 나올까?

주사위를 60번 던지면 어떤 주사위 눈이 한 번도 나오지 않는 일은 일어나지 않지만, 각 주사위 눈이 나올 확률은 11.7~28.3%로 여전히 차이가 난다.

시행 횟수를 600번으로 늘리면 확률은 14~18.7%로 차이가 줄어든다.

나아가 시행 횟수를 6000번으로 늘리면 확률은 15.2~

[그림 1-4] 주사위 6만 번 던지기 시뮬레이션

	각 주사위 눈이 나온 횟수								
시행 횟수	⚀	⚁	⚂	⚃	⚄	⚅	기댓값	최솟값	최댓값
12	3	0	2	3	4	0	2	0	4
60	8	7	17	9	9	10	10	7	17
600	84	112	89	109	108	98	100	84	112
6000	963	1026	913	1049	1044	1005	1000	913	1049
60000*	9977	10049	9984	10031	9901	10094	10000	9901	10094

	각 주사위 눈이 나온 횟수								
시행 횟수	⚀	⚁	⚂	⚃	⚄	⚅	기댓값	최솟값	최댓값
12	25.00%	0.00%	16.67%	25.00%	33.33%	0.00%	16.67%	**0.00%**	**33.33%**
60	13.33%	11.67%	28.33%	15.00%	15.00%	16.67%	16.67%	**11.67%**	**28.33%**
600	14.00%	18.67%	14.83%	18.17%	18.00%	16.33%	16.67%	**14.00%**	**18.67%**
6000	16.05%	17.10%	15.22%	17.48%	17.40%	16.75%	16.67%	**15.22%**	**17.48%**
60000*	16.63%	16.75%	16.64%	16.72%	16.50%	16.82%	16.67%	**16.50%**	**16.82%**

* 실제 시행 횟수는 6만 36번이지만 편의상 6만 번으로 분류했다.

17.5%로 차이는 더욱 더 줄어든다.

시행 횟수를 6만 번까지 늘리면 확률은 16.5~16.8%로, 모든 주사위 눈이 나올 확률이 '진짜 실력'인 16.67%에 가까워진다.

각 주사위 눈이 나올 확률의 변화에 주목해보면, 시행 횟수가 60번, 600번, 6000번, 6만 번으로 늘어날 때마다 각 주사위 눈이 나올 확률의 차이가 줄어드는 것을 알 수 있다.

이는 시행 횟수가 많을수록 '진짜 실력(16.67%)'에 수렴한다는 '큰 수의 법칙'이 작용하기 때문이다.

큰 수의 법칙은 폭넓게 활용되고 있다

일본에서는 2018년 말부터 PayPay라는 스마트폰 결제 서비스가 보급되었다. 그때 화제를 불러일으킨 것이 10번, 20번, 40번에 한 번의 확률로 결제 금액의 전액을 환급해주는 기간 한정 이벤트였다. 어떻게 전액 환급이라는 파격적인 이벤트를 내놓을 수 있었는지, 적자를 본 것은 아닌지 궁금하겠지만, 큰 수의 법칙에 근거한 전략이 있기에 가능한 이벤트였다. 가령 1만 엔을 결제하고 40번에 한 번의 확률로 전액 환급을 받게 된다면 환급률은 2.5%다(1만 엔 × 1/40 + 0엔 × 39/40 = 250엔).

이 이벤트에 딱 한 사람만 참여해 운 좋게 그 사람이 1만 엔 전액 환급을 받을 수도 있을 것이다. 하지만 실제로는 아주 많은 사람들이 이벤트에 참여했다. 결제 금액도 제각각이었다. 전체적으로 봤을 때 총 결제 금액의 2.5%가 고객들에게 환급되었다. PayPay는 '초기 도입비, 결제 수수료, 입금 수수료 0엔'을 앞세워서 가맹점을 늘렸는데, 이용자가 많아지면서 큰 수의 법칙이 작동해 비용을 더욱 정확하게 계산할 수 있었다.

큰 수의 법칙에 따라서 경영되는 곳 중 하나가 도박장이다. 고객이 게임을 하는 횟수(시행 횟수)를 늘림으로써 설정된 공제율(도박장이 가져가는 비율)에 수렴되기 쉽도록 통제하고 있는 것이다(공제율에 대해서는 제2장에서 다룬다). 즉, 고객이 게임을 하면 할수록(시행 횟수가 늘어날수록) 도박장 측의 이득이 쉽게 확정되는 한편, 게임하는 횟수가 적으면(시행 횟수가 적으면) 설정한 공제율에 수렴하기 어려워진다(도박장 측이 적자를 보는 일도 있음)는 것이다.

따라서 도박장에서는 고객이 게임을 하는 횟수(시행 횟수)를 가장 중요한 경영 지표로 설정하고 있다. 예를 들어, 파친코 게임장에서는 '고객이 하루 동안 파친코 기계에 넣은 구슬의 수 = 시행 횟수'인 '가동수'를 가장 중요한 지표로 삼는 것이다('매상'이나 '객단가'보다 중요하게 여긴다는 점이 핵심이다).

큰 수의 법칙은 도박뿐만 아니라 보험이나 은행 대출 등에도 폭넓게 활용되고 있다. 자동차 보험을 예로 들어보자. 만일의 사고에 대비해 가입하는 것이 자동차 보험이다. 하지만 자동차 사고가 빈번하게 일어난다면 보험 회사가 보험금을 지급하는 데에 어려움을 겪을 것이다. 하지만 실제로 그런 일이 일어나지 않는 이유는 전체 가입자 중 '사고를 내는 사람'이 차지하는 비율이 극소수이기 때문이다. 대부분의 '사고를 내지 않는 사람들'이 낸 보험료로 '사고를 내는 사람'의 보험금을 조달하는 식이다.

보험에서는 가입자를 얼마나 늘리는지가 중요하다. 가입자가 많아질수록 전체 가입자들이 사고를 낼 확률이 줄어들어 회사를 안정적으로 운영을 할 수 있게 된다. 보험료가 사람마다 다른 것은 가입자의 연령, 성별, 운전면허증의 색깔* 등을 바탕으로 예상하는 '사고를 낼 확률'이 다르기 때문이다. 사고를 낼 확률이 높은 사람이라고 판단된 경우에는 보

* 일본의 운전면허증은 세 가지 색으로 구분되는데, 처음 면허를 취득한 경우에는 초록색, 3년 후 면허를 갱신한 경우에는 파란색, 과거 5년간 무사고 · 무위반인 경우에는 금색 면허증이 부여된다.

험료가 높게 책정된다.

은행 대출 금리도 보험료와 비슷한 방식으로 결정된다. 변제가 어려울 것 같은 사람일수록 금리가 높아지거나 애초에 심사에서 탈락해 대출을 받지 못하는 것은 이 때문이다.

이렇듯 큰 수의 법칙은 결제 서비스, 도박, 보험, 금융 등 다양한 비즈니스에서 활용되며 경영 안정에 도움을 주고 있다. 이는 비즈니스 세계에서뿐만 아니라, 개인의 삶에도 적용해볼 가치가 있는 사고방식이다.

통계학의 도움을 받을 수 있는 사람들의 특징이라 하면, '인생 역전을 노리지 않고 성실하게 노력한다는 점', '눈앞의 일에 일희일비하지 않고 장기적으로 이기는 쪽을 택한다는 점'을 들 수 있을 것이다.

단 한 번에 승부가 결정되고 운에 맡겨야 하는 게임은 즐길 수 있는 범위에서만 즐기자. 그런 게임에 인생을 거는 것은 스스로 통제할 수 없는 '운'이라는 대상에게 내 인생의 운전대를 맡기는 꼴이다. 그것 역시 자신의 선택이라 할 수도 있으나, 당신이라면 내 인생의 운전대를 스스로 잡는 인생과 다른 누군가에게 맡기는 인생 중 어느 쪽을 선택하고 싶은가?

제 2 장

일류는 복권 판매소에 줄을 서지 않는다

평균값과 기댓값

그 복권 명당에서 매년 고액 당첨자가 나온다는 이야기는 사실일까?

한 인기 유튜버가 업로드한 "고액 당첨 행진? 1등 당첨금이 7억 엔인 연말 점보 복권*을 1000만 엔어치 산 결과"라는 동영상이 780만 회(2020년 7월 현재)**의 조회수를 기록했다(결론부터 말하자면, 1000만 엔어치 복권을 구입해 약 230만 엔이 당첨되었다).

누구나 한 번쯤은 사본 적이 있을 법한 복권이지만, 그 원리에 대해서 아는 사람은 많지 않을 것이다. 300엔으로 수억

---

* 일본에서 연말에 판매하는 복권(1장에 300엔)으로 조(組) 번호와 여섯 자리 숫자로 구성되어 있다. 100000부터 199999까지의 숫자가 적힌 10만 장을 1조로 하며, 총 200조까지 있다. 10만 장 × 200조 = 2000만 장을 1유닛(unit)이라고 하는데, 연말 점보 복권은 23유닛이 발행된다. 당첨 번호는 12월 31일에 추첨한다.

** 2022년 10월 현재 조회수는 822만 회다.

엔에 당첨된다니 꿈만 같은 이야기다. '당첨될 리가 없지'라고 생각하면서도 '안 사면 당첨도 안 되니까'라며 추운 겨울날 연말 보너스를 손에 들고 복권 명당 앞에서 줄을 서 있는 사람들의 모습을 매년 볼 수 있다.

대부분의 사람들이 '어차피 당첨되지 않을 거야'라고 생각하면서, 유명한 복권 명당의 '고액 당첨자 속출!'이라는 문구나, 그 앞에 길게 늘어선 행렬을 보면 왠지 기분이 이상해진다. 복권에 당첨되어 3억 엔을 받은 사람이 "당신도 복권을 사면 억만장자가 될 수 있습니다"라고 해도 '그럴 리 없다'며 믿지 않는다. 하지만 '작년에 그곳에서 판 복권이 100만 엔에 당첨되었지. 복권 명당인 게 분명하니까 올해도 줄을 서서 사 와야겠다'고 생각하기도 한다.

'복권을 사면 억만장자가 될 수 있다'는 성공 법칙에는 '재현성이 없다'고 판단하면서도 '복권 명당에서 사면 당첨될지도 모른다'고 믿는 것은 통계를 활용하는 능력이 부족하기 때문이지 않을까 생각한다.

먼저, 복권의 운영 구조를 알아보자(그림 2-1).

일본의 복권은 총무성이 주관하는 사업으로, 수익금은 지방자치단체의 재원으로 활용된다. 복권의 판매 총액 중 당첨금과 경비 등을 뺀 약 40%가 수익금으로서 발매처인 지방자치단체에 납부되어, 고령화·저출산 대책이나 재해 방지 대책, 공원 정비, 교육 시설과 사회 복지 시설의 건설·보수 등에 사용되고 있다.*

[그림 2-1] 일본 복권의 운영 구조

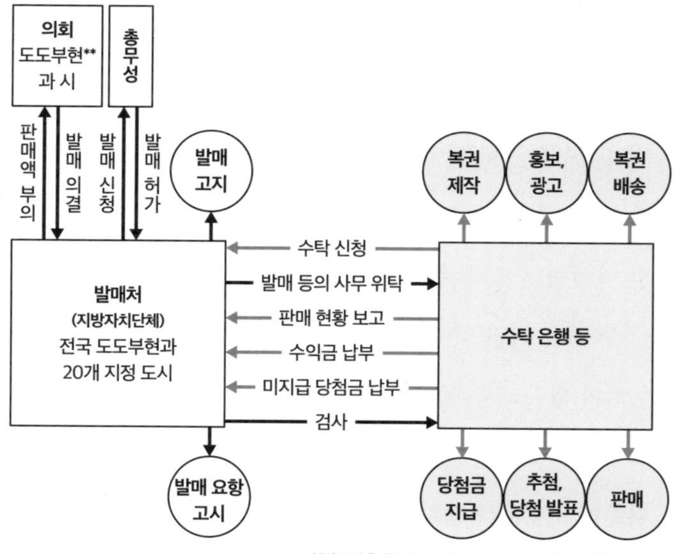

복권 공식 홈페이지(https://www.takarakuji-official.jp/)에서 인용

* 우리나라에서는 복권 · 복권기금법 제23조에 따라 복권기금 중 65%는 저소득층의 주거 안정 지원 사업과 같은 공익 지원 사업에, 35%는 과학 기술 진흥 기금과 같은 법정 배분 사업에 사용한다.

** 일본의 행정구역을 뜻하는 말로 우리나라의 광역자치단체에 해당한다.

팔리지 않은 복권 중에 당첨 복권이 있는 건 아닐까 하는 걱정을 해본 적이 있을 것이다. 이론상으로는 가능한 이야기다. 하지만 당첨 번호를 추첨하기 전에 팔리지 않은 복권은 처분되므로 그 복권에 당첨금이 지급되는 일은 일어나지 않는다.

복권 당첨금의 지급 만료 기한은 지급 개시일로부터 1년이다. 2018년 연말 점보 복권 중 지급 기한 마감일(2020년 1월 6일)의 약 2주 전까지 7억 엔 2장, 1억 5000만 엔 4장을 포함한 1000만 엔 이상의 고액 당첨 복권 86장(합계 약 30억 엔)이 당첨금 미수령 상태였다고 한다. 참고로 지급 기한을 넘긴 당첨금은 지방자치단체(전국 도도부현과 20개 지정 도시)에 수익금으로서 납부된다.

복권에 당첨되지 않더라도 '세상을 위해, 타인을 위해 쓰인다면 괜찮다'고 생각한다면 다행이지만, 자신의 돈을 들여서 꿈을 산 이상 '당첨되고 싶다'는 게 진짜 속마음일 것이다. 도박이 되었든 게임이 되었든, 돈을 거는 내기를 할 때에 반드시 파악해야 하는 것이 **'내가 이길 확률이 높은 게임인가'**다.

지금부터 복권 당첨 시뮬레이션을 통해 도박의 승률을 좌우하는 세 가지 숫자에 대해 알아보자.

복권을 60억만큼 샀을 때 당첨되는 금액

제818회 연말 점보 복권을 60억 엔어치 샀을 때 당첨되는 금액에 대해 시뮬레이션을 해보자(그림 2-2). 결과부터 말하자면 60억 엔어치를 구입했을 때는 30억 엔 정도 당첨된다.

이제부터 복권을 포함한 도박에 관련된 중요한 지표 몇 가지를 알아보자.

▶ 중요한 지표 ① '기댓값'

복권 한 장당 당첨 금액의 평균값이다. 예를 들어, [그림 2-3]처럼 1~5등으로 구성된 복권이 있다고 하자.

이 경우에 '당첨 금액의 합계 ÷ 복권 수 = 4만 엔 ÷

[그림 2-2] 복권을 60억 엔어치 샀을 때의 당첨 금액 시뮬레이션

순위	당첨금	복권 수 (총 23유닛)	복권 수 (1유닛 = 2000만 장 중)	구입 금액	당첨 확률	당첨 금액 합계
1등	700,000,000	23	1	300	0.00000005	700,000,000
1등의 앞뒤 번호	150,000,000	46	2	600	0.0000001	300,000,000
1등과 다른 조의 같은 번호	100,000	4,577	199	59,700	0.00000995	19,900,000
2등	10,000,000	69	3	900	0.00000015	30,000,000
3등	1,000,000	2,300	100	30,000	0.000005	100,000,000
4등	100,000	46,000	2,000	600,000	0.0001	200,000,000
5등	10,000	920,000	40,000	12,000,000	0.002	400,000,000
6등	3,000	4,600,000	200,000	60,000,000	0.01	600,000,000
7등	300	46,000,000	2,000,000	600,000,000	0.1	600,000,000
연말 행운상	20,000	46,000	2,000	600,000	0.0001	40,000,000
낙첨	0	408,380,985	17,755,695	5,326,708,500	0.88778475	0
합계	**861,233,300**	**460,000,000**	**20,000,000**	**6,000,000,000**	**1**	**2,989,900,000**

제181회 연말 점보 복권의 당첨금과 복권 수
(발매 총액 = 2000만 장(1유닛) × 23유닛 × 300엔(1장) = 1380억 엔)
일본 복권 공식 홈페이지(https://www.takarakuji-official.jp/)를 바탕으로 직접 작성

[그림 2-3] 기댓값 계산하는 법

등급	당첨 금액(A)	복권 수(B)	(A)×(B)
1등	10,000엔	1장	10,000엔
2등	5,000엔	2장	10,000엔
3등	1,000엔	10장	10,000엔
4등	100엔	100장	10,000엔
5등	0엔	887장	0엔
		1,000장	**40,000엔**

1000장 = 40엔'이 된다. 이 40엔은 복권 한 장의 가치를 나타낸다고 볼 수 있다. 연말 점보 복권의 경우에는 다음과 같이 계산할 수 있다.

2,989,900,000(엔) ÷ 20,000,000(장) = 149.495(엔)

이것이 복권 한 장당 가치다. 연말 점보 복권은 1장당 300엔이므로 300엔을 내고 149엔의 가치가 있는 복권을 사는 셈이다.

▶ 중요한 지표 ② '환급률'

돈을 투자했을 때 그중 몇 %가 수익으로 돌아오는지를 나타내는 지표를 '환급률'이라고 한다. 연말 점보 복권의 경우에는 다음과 같이 계산할 수 있다.

2,989,900,000(엔) ÷ 6,000,000,000(엔) = 49.8%

이 정도의 환급률은 도박 중에서 가장 낮은 편에 속한다.

▶ 중요한 지표 ③ '공제율'

돈을 투자했을 때 그중 몇 %가 수익에서 제외되는지를 나타내는 지표를 '공제율'이라고 한다. 환급률과 동전의 양면과 같은 관계로, 기본적으로 '1 - 환급률'로 계산한다. 연말 점보 복권의 경우에는 다음과 같이 계산할 수 있다.

1 - 49.8% = 50.2%

즉, 투자액 중 반 이상을 제하고 당첨금으로 지급한다는 뜻이다. 이 공제율이 도박을 주최하는 쪽의 수익이 된다.

지금까지의 내용을 정리해보자. 복권의 환급률은 50% 미만이다. 즉, '복권을 1만 엔어치 산다면 평균 5000엔 정도 당첨된다'는 뜻이다. 하지만 복권을 사본 적이 있는 사람이라면 '에이, 절반도 안 되는 것 같은데. 여러 장 사봤지만 3000엔 정도 당첨된 게 전부인걸' 같은 생각이 들 것이다.

앞에서 언급한 유튜버는 1000만 엔어치 복권을 사서 총 232만 8900엔 당첨되었다. 이런 경우의 환급률은 23%(232만 엔 ÷ 1000만 엔 ≒ 0.232) 정도다. 아마 대부분의 사람들도 '복권을 1만 엔어치 사면 3000엔 정도도 당첨될까 말까'라고 느낄 것이다.

이렇듯 **통계에서는 이론적인 평균값과 우리의 경험에 근거한 직관이 일치하지 않는 경우가 많다.** 예를 들면, 평균 연봉이 그렇다. 일본 국세청의 민간급여실태조사에 따르면 2019년 일본인의 평균 연봉은 약 441만 엔이다.

평균값은 모든 데이터를 더한 값을 데이터의 수로 나눈 값으로, 그 집단 전체를 요약하기 위해 사용된다.

예를 들어, 다음과 같은 데이터가 있다고 해보자.

<연봉의 평균값을 구하는 법>

연봉 데이터 : 300만 엔, 400만 엔, 500만 엔, 600만 엔, 800만 엔, 1000만 엔, 2000만 엔(총 7개)

(300만 엔 + 400만 엔 + 500만 엔 + 600만 엔 + 800만 엔 + 1000만 엔 + 2000만 엔) ÷ 7 = 800만 엔

연봉 데이터 7개의 평균값은 800만 엔이다. 하지만 800만 엔보다 적은 사람이 4명, 800만 엔보다 많은 사람이 2명이다. 7명 중 과반수인 4명이 평균에 미치지 못하는 것이다. 이것은 2000만 엔이라는 고소득자가 데이터에 포함됨으로써 집단 전체의 평균을 높이기 때문이다.

고소득자의 연봉처럼 예외적인 일부 데이터를 '이상값'이라고 한다. 평균값은 이상값의 영향을 받으면 '거의 한가운데에 있는 값'이 되지 않는다는 점에 주목하기 바란다.

'거의 한가운데에 있는 값'은 '중앙값'으로 산출한다.

<연봉의 중앙값을 구하는 법>

연봉 데이터 : 300만 엔, 400만 엔, 500만 엔, 600만 엔, 800만 엔, 1000만 엔, 2000만 엔(총 7개)

7개의 데이터를 크기순으로 나열했을 때 가장 가운데 위치하는 600만 엔이 중앙값이다. 연봉의 경우에 대다수의 직관에 가까운 값은 평균값이 아니라 중앙값이다. 중앙값은 작은 수부터 큰 수까지 순서대로 늘어놓았을 때 가장 가운데에 놓이는 값이다. 이상값의 영향을 적게 받으므로 대다수의 직관에 어긋나지 않는다.

복권의 환급률이 약 50%라는 말을 듣고 '그렇게 많이 돌아오는 것 같지는 않은데'라는 생각이 드는 것은, 환급률이 고액 당첨자와 같은 이상값을 포함해 계산된 평균값이기 때문이다.

복권을 사본 적이 있는 사람들은 대부분 '그것보다 적다'고 느낄 것이다.

이제부터 '고액 당첨자가 속출한다는 복권 명당에서 복권을 사야 당첨되기 쉽다'는 말이 사실인지 검증해보자.

'이왕 복권을 살 거라면 1시간 동안 줄을 서게 되더라도 복권 명당에서 사고 싶다'고 생각하는 것은, '판매점마다 당첨 확률이 다를 것'이라고 믿기 때문이다. 여기까지 읽은 독자들이라면 눈치챘겠지만, 판매점마다 당첨 확률에 편향이 있는 것이 아니라 '표본 크기'가 다른 것이다.

어떤 가설이 사실인지 검증하고 싶을 때에는 데이터를 모은다. 그때 모은 데이터의 수를 표본 크기라고 한다('표본 수'와 헷갈릴 수 있지만, 여기서는 표본 크기가 올바른 표현이다.)

복권의 경우, 판매점에서 판매된 복권의 수가 표본 크기다. 100장이 팔리는 곳과 1만 장이 팔리는 곳 중 고액 당첨자의 수가 많은 쪽은 어디일까? 당연히 표본 크기(판매된 복권 수)가 클수록 고액 당첨자의 수도 늘어난다.

고액 당첨자가 나온다

↓

복권 명당처럼 보인다

↓

복권을 사려는 사람들이 몰려든다

↓

복권이 팔리면 팔릴수록 고액 당첨자가 더 나온다

이러한 구조가 이루어지는 것이다.

'복권이 많이 판매되는 곳일수록 고액 당첨자가 나오기 쉽다'는 것은 수학적으로 맞는 말이다. 하지만 '고액 당첨자가 많이 나온 판매점에서 파는 복권이 당첨되기 쉽다'는 말은 틀렸다. 복권의 당첨 확률은 어떤 속임수가 없는 한 어디에서 사든 똑같다. 당첨 확률이 높은 것과 당첨된 복권이 많은 것은 전혀 다른 이야기인데, 이 사실을 모르는 사람이 너무 많다. **'확률의 관점에서 당첨이 잘 되는 복권 판매점이란 존재하지 않는다'**는 사실을 이제는 확실히 알게 되었기를 바란다.

그럼 이제부터 복권에 당첨될 확률이 어느 정도인지 체감할 수 있도록 다른 확률과 비교해보자.

◎ 비행기 추락 사고를 당할 확률

미 연방교통안전위원회(NTSB)의 조사에 따르면 비행기에 탔을 때 비행기가 추락할 확률은 0.0009%라고 한다. 그런데 이 수치는 전 세계 모든 항공사의 평균값이다. 미국 국내 항공사만 보면 확률은 0.000032%로 더 낮아진다. 일본도 그 정도 수준이라고 본다면, 비행기를 312만 5000번 탔을 경우에

한 번은 추락 사고를 당할 수도 있다.

◎ 벼락을 맞을 확률

일본 경찰청이 매년 발간하는 「경찰백서」에 따르면, 1년에 벼락을 맞을 확률은 0.00001%(1000만 분의 1)로, 연말 점보 복권에서 '1등의 앞뒤 번호(1.5억 엔)'에 당첨될 확률과 같다.

이렇듯, 1등 복권에 당첨되려면 몇 번을 환생해도 부족할 것으로 보인다. 이제는 복권이란 '안 사면 당첨도 안 되지만, 사면 살수록 손해'라는 사실을 알게 되었을 것이다. '낭만적이지 않은 이야기'라고 생각할 수도 있지만, 이런 사실에서 눈을 돌리는 것은 손해다. 통계와 확률에는 사람의 직감에 반하는 것이 많은데, 그 이유는 우리가 주관적으로 어림짐작을 하기 때문이다. 간단한 계산을 하는 것만으로 냉정을 되찾을 수 있으니, 일단 멈추어 서서 생각해보는 시간을 가지기 바란다.

제 3 장

돈을 가장 많이 벌 수 있는 도박은?

환급률이 높은 투자 법칙

도박의 환급률 순위

주최 측이 따로 있는 도박은 큰 수의 법칙에 따라 게임을 하면 할수록 손해를 본다는 사실을 이해하게 되었을 것이다. 그런데 한편으로는 '프로 도박사'로서 생계를 유지하는 사람이 존재하는 것도 사실이다. 그 사람들은 자신만의 필승법을 가지고 있는 것일까? '도박'이라고 한데 묶어서 말하지만, 종류에 따라 환급률에는 두 배 가까이 차이가 난다. 도박의 환급률 순위를 살펴보자(그림 3-1).

같은 도박이라도 카지노의 환급률은 복권의 약 두 배다. 왜 이렇게까지 차이가 나는 것일까?

도박의 환급률은 운영하는 주체가 민간인지 공공기관인

지에 따라 크게 달라진다. [그림 3-1]에서 공영 도박은 국가가 공식적으로 허용한 도박이다.*

오해를 막기 위해 덧붙이자면, 일본에서 도박 행위는 불법이다. 도박 행위는 도박죄 등으로 형법상 금지되고 있으며, 이

[그림 3-1] 일본 도박의 환급률 순위

구분	순위	종류	환급률
민영 도박**	1	카지노	약 90~97%
민영 도박**	2	파친코 · 파치슬로***	약 85~90%
공영 도박	3	경륜 · 경정	약 75%
공영 도박	4	경마	약 70~80%
공영 도박	5	오토 레이스****	약 70%
공영 도박	6	스포츠 복권	약 50%
공영 도박	7	복권 전반	약 40~45%

* 우리나라에서 공인된 도박은 복권, 경마, 경륜, 경정, 강원랜드, 체육복표사업(스포츠토토, 프로토), 소싸움이다.

** 일본에서 파친코 · 파치슬로는 법적으로 '도박'은 아니기 때문에 원서에서는 '민영 도박'이라고 표현하지 않는다. 하지만 뒤에서 설명하듯이 직접 현금 거래를 하지 않음으로써 법망을 피하고 있을 뿐, 도박의 성질을 가지고 있으므로 '민영 도박'이라고 옮겼다.

*** 파친코 게임장에 설치된 슬롯머신.

**** 오토바이 경주.

를 위반하는 것은 범죄다.

도박죄란 금전, 보석 등 재물을 걸고 도박이나 내기를 했을 때 적용되는 죄로, 정식 명칭은 '도박과 복권에 관한 죄'다. 친구들끼리 돈을 걸고 마작을 한 경우에 죄라고 인식하지 못할 수도 있으나, 형식상으로는 도박죄에 해당한다.

밥값 내기 가위바위보도 도박죄에 해당할까?

일본에서 도박죄는 형법 제185조와 제186조로 규정되어 있다. 제185조에서는 '도박을 한 자에게는 50만 엔 이하의 벌금 또는 과태료를 부과한다. 단, 일시적인 오락에 재물을 거는 것으로 그치는 경우는 예외로 한다'고 정하고 있고, 제186조 제1항에서는 '상습적으로 도박을 하는 자는 3년 이하의 징역에 처한다', 제2항에서는 '도박장을 개설하거나 타인과 결탁해 이익을 도모한 자는 3개월 이상 5년 이하의 징역에 처한다'고 정하고 있다.*

---

* 우리나라에서는 형법 제246조, 제247조의 도박과 관련된 법률에 따라서, 도박을 한 사람, 도박 공간을 개설한 사람을 처벌한다.

평범하게 일상생활을 하다가도 '이것도 도박죄인가?' 하는 의문이 드는 일을 무의식적으로 할 때가 있다. 대표적인 예가 술값을 걸고 하는 가위바위보다.

그것이 죄인지 아닌지는 형법 제185조에 따라 결정된다. '일시적인 오락'에는 음식물이 포함된다. 밥값 내기 가위바위보는 밥값을 걸었으니 본질적으로는 돈을 건 것이지만, 그 돈은 음식을 사는 데에 쓰이는 것이라고 볼 수 있다. TV 프로그램에서 밥값을 걸고 가위바위보를 하는 모습이 대대적으로 방영되지만 죄를 묻지 않는 것은 이 때문이다.

이렇게 친구들 사이에서 벌어지는 내기는 거기에 참가한 사람이 신고하지 않는 이상 발각되지 않는다. 가령 누군가가 신고했다고 하더라도 증거가 남기 어려우므로 체포가 이루어질 가능성은 낮다.

하지만 금액의 크고 작음에 상관없이, 10원이든 1000원이든 돈을 걸었다면 도박죄에 해당한다. 과거에 스모선수들이 야구 도박으로 파문을 일으켰던 것도 일본에서는 범죄이기 때문이다. 도박판을 총괄한 사람과 돈을 건 사람 모두 도박 행위를 한 것으로 보고 죄를 묻기 때문에, '이것도 도박 행위인가?' 하는 의문이 드는 일에는 손을 대지 않는 것이 현명하다.

이렇듯 일본에서는 도박 행위 자체가 기본적으로 금지되고 있지만, 예외도 있다. 바로 '공영 도박'이다. 법정 연령에 해당하는 사람은 누구나 공영 도박에 돈을 걸 수 있다. 일본에서 합법인 공영 도박은 다음의 다섯 가지다.

<일본 공영 도박>

- 경마
- 경정
- 경륜
- 오토 레이스
- 복권(모든 종류의 복권, 스포츠 복권)

모두 국가에서 허용한 도박이므로 유명한 연예인이 나오는 광고를 TV나 지하철에서 자주 볼 수 있다.

이 다섯 종류의 도박은 '일본에서 도박은 금지되지만, 특별히 국가가 허용한 도박이므로 해도 되는 것'이다. 국가가 허용한다는 말에는 '지방자치단체 등의 공적 주체가 운영하고, 그 이익을 공적인 곳에 사용한다면 인정된다. 조직 폭력단이

개입하지 않도록 주의해야 한다'는 의미가 내포되어 있다.

그런데 파친코·파친슬로는 합법적인 도박에 해당하지 않는다. 공영 도박으로 인정되지 않는데도 널리 보급되어 있는 것이다. 파친코는 공영 도박이 아니지만 오락 시설로서 교묘하게 법망을 피해 운영되고 있다. 파친코는 일본의 업종 분류상 '풍속영업(풍속영업 등의 규제와 업무 적정화 등에 관련된 법률의 4호 영업)'에 해당한다.

풍속영업이란 고객에게 유흥과 음식 등을 제공하는 영업의 총칭으로 오락실이나 마작 게임장도 여기에 해당한다. 영업 허가증을 가진 점포는 공안위원회에서(즉, 국가에서) 허가를 받아 영업이 인정된 곳이다. 공영이 아니라 민간에서 운영하지만 위법은 아니다. 공영 도박 외에 금전을 거는 도박 행위는 위법이므로, 파친코·파친슬로는 게임장 내에서 고객이 딴 구슬을 바로 현금으로 바꿀 수 없어서 '특수 경품'으로 교환한다. 고객은 특수 경품을 게임장 밖에서 현금화한다. '3점 방식'이라고 불리는 이러한 시스템을 통해 법망을 피해 영업을 하는 것이다(그림 3-2).

고객 입장에서 보면 파친코도 엄연히 도박이지만, 구조상 '도박이 아니라 오락실의 게임기 같은 것'이라고 이해하기 바

[그림 3-2] 3점 방식의 구조

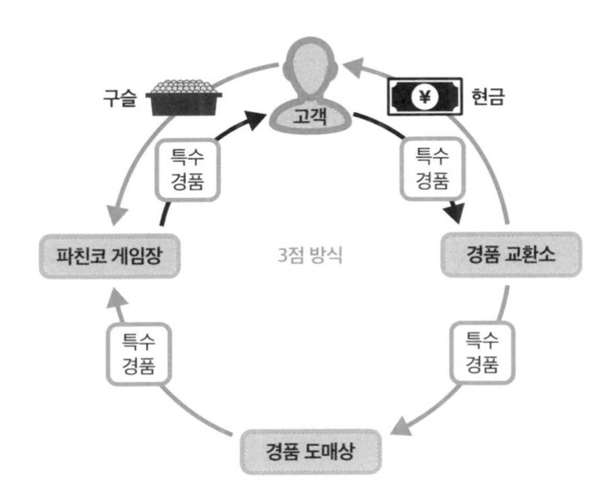

란다. 덧붙여 일본에서 카지노는 공영 도박도 아니고 풍속영업도 아니기 때문에 현재는 카지노 영업과 게임 참가 모두 위법 행위다. 그래서 불법 카지노에 출입한 연예인이나 유명인이 체포되거나 카지노 자체가 적발되었다는 보도를 접하게 되는 것이다.

공영 도박은 사업 주체의 이익이 아니라 공익을 목적으로 운영된다. 전국자치복권사무협의회에 따르면 '복권의 판매

[그림 3-3] 복권 판매 총액의 사용 내역

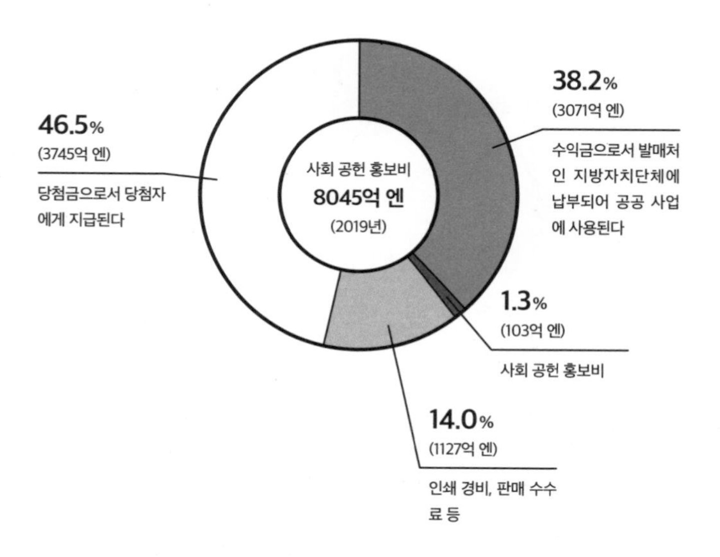

일본 복권 공식 홈페이지(https://www.takarakuji-official.jp/)에서 인용

총액 중 당첨금과 경비 등을 뺀 약 40%가 수익금으로서 발매처인 지방자치단체에 납부되어, 고령화·저출산 대책이나 재해 방지 대책, 공원 정비, 교육 시설과 사회 복지 시설의 건설·보수 등에 사용되고 있다'고 한다(그림 3-3).

민영 도박(파친코·파친슬로 등)의 경우에는 그러한 항목이 통째로 빠지기 때문에 그만큼 고객에게 돌아가는 환급률이 높은 것이다.

현재 일본에서 할 수 있는 도박 중에서 가장 환급률이 높은 것은 파친코·파친슬로다. 하지만 다른 도박과 마찬가지로 게임을 오랫동안 계속하면 반드시 손해를 보게 된다. 그렇다면 파친코를 직업으로 삼는 프로 파친코 플레이어들은 어떻게 돈을 벌고 있는 것일까?

프로 파친코 플레이어의 전략은 부업(도박 이외)을 통해 돈을 버는 것이다. 도박 정보지에 기사를 싣기도 하고 파친코 게임장에서 사인회를 열기도 한다. 최근에는 파친코 유튜버도 등장했다. 그들은 이런 부업에서 큰 수익을 얻는다. 즉, 본업(파친코·파친슬로)은 부업을 하기 위한 미끼인 것이다. 본업에서 얻는 수익이 적거나 오히려 마이너스라면, 부업에서 목돈을 벌어서 본업의 적자를 상쇄한다. 주최 측이 따로 있는 도박은 플레이어로 참여하는 순간부터 불리하다. 그렇기에 프로 파친코 플레이어는 본업과 부업을 동시에 가짐으로써 수익을 계속 얻을 수 있는 것이다.

이러한 비즈니스 모델을 '프론트 엔드/백 엔드 모델'이라고도 한다. 최초에 판매하는 상품(프론트 엔드)은 많은 수익을 내지는 못하지만 인지도를 높이고 고객의 경험을 늘려주는 역할을 한다. 그 후에 더욱 고액 상품(백 엔드)으로 고객을 유도함으로써 수익을 내는 것이다. 단순하고 응용하기 쉬운 비즈니스 모델 중 하나라고 할 수 있다.

어떤 도박이 환급률이 높은지 간파하는 방법

앞서 소개한 환급률 순위에서 공영 도박 중 복권보다 경마의 환급률이 높았다. 민영 도박 중에서는 파친코·파친슬로보다 카지노의 환급률이 높았다. 모두 다 도박이지만, 환급률을 높일 수 있는 게임의 법칙이 있다. 바로 '플레이어에게 선택지가 많을수록 환급률이 높다'는 것이다.

복권과 경마를 비교해보자. 복권은 판매점에 가서 "연속 번호로 100장 주세요"라는 말만 하면 되듯이, 기본적으로 연속 번호로 살지 무작위 번호로 살지, 몇 장 살지만 선택하면 된다.

경마는 마권 종류만 해도 열 가지나 된다. 가장 단순한 것은 1등으로 들어올 말을 맞히는 '단승'이고, 가장 복잡한 것은 1등, 2등, 3등으로 들어올 말과 들어오는 순서를 모두 맞히는 '3연단'이다. 또한 경마는 그때의 날씨, 말의 컨디션, 기수와 말의 조화 등 여러 요인에 따라 결과가 바뀐다. 이 점이 복권과 가장 다른 부분이다.

카지노가 파친코·파친슬로보다 환급률이 높은 이유도 그와 비슷하다. 파친코에서는 많은 기계들 중에 어느 기계 앞에 앉을지 결정하고 나면, '어디를 향해서 구슬을 쏠 것인지', '언제 그만둘 것인지', '다른 자리로 옮길 것인지' 정도의 선택지밖에 남지 않는다. 한편 카지노에서 하는 게임은 매번 주체적으로 선택해야 하는 것이 대부분이다. 그러니 선택지가 많은 게임을 택하고, 그중에서 확률이 높은 선택지를 계속 골라나가는 것이 게임에서 지지 않기 위한 최선의 전략이다.

이러한 법칙은 자산 운용에도 적용할 수 있다. '선택지가 많을수록 이길 가능성이 높다'는 관점에서 보면 '사업을 하자'는 결론에 이른다. 환급률이 100%를 넘는 데다가 선택지는 무한대이기 때문이다. 다만 아무리 선택지가 많은 일에 손을 대더라도 전략과 전술이 없는 어중간한 선택만 한다면 잘될 리 없다. 승률이 높은 선택지를 간파하는 눈을 키워서 승률 자체를 높여가는 것이 중요하다.

마틴게일 베팅법으로 돈을 딸 수 있을까?

카지노에서 필승법으로 여겨지는 것 중 하나가 '마틴게일 베팅법'이다. '2배 베팅법'이라고도 하는데, 승부에서 진 경우에 베팅액을 2배로 올려서 돈을 잃은 만큼 되찾는 베팅법이다. 이는 카지노 외에 FX 마진 거래 등에서도 활용되고 있다.

도박꾼들 사이에서는 '절대로 잃지 않는다'고 알려진 유명한 필승법 중 하나다. 아무리 연패가 이어져도 한 번의 승리로 모든 손실을 회복할 수 있기 때문이다. 이제부터 마틴게일 베팅법의 원리를 알아보자.

먼저 마틴게일 베팅법의 기본적인 순서부터 살펴보자. 게임은 확률이 50%이고 배당이 2배인 것으로 선택한다. 여기서는 룰렛의 공이 검정에 들어갈지 빨강에 들어갈지 맞히는 게임을 예로 들어 설명하겠다.

① 첫판에 베팅할 금액을 정한다

② 승패 결과에 따라서 다음 판에 베팅할 금액을 정한다

졌을 때 : 다음 판에서는 이전 판의 2배를 건다

이겼을 때 : 공략법을 초기화해 첫판 베팅 금액으로 돌아온다

기본적인 규칙은 이렇게 두 가지로 매우 단순하다.

이제 실제로 시뮬레이션을 해보자.

[그림 3-4]를 보면 다섯 번의 게임에서 총 31달러를 베팅했다. 마지막 승부에서 16달러를 베팅하고 이겼으므로 32달러를 돌려받았다. 그러면 결과적으로는 '첫판에 베팅한 금액만큼' 이익이 생기는 셈이 된다. 이것이 마틴게일 베팅법의 구조다. 마틴게일 베팅법에서는 연패가 계속되더라도 딱 한 번만 이기면 잃은 만큼 되찾을 수 있다.

이 방법의 허점은 밑천이 충분하지 않으면 이익을 낼 수 없다는 점이다. 마틴게일 베팅법은 어디까지나 '많이 잃지 않는 방법'이지 '이기기 위한 방법'은 아닌 것이다. 1시간 동안 게임을 하고 최종적으로 번 돈이 1달러라면, 아르바이트를 하는 편이 훨씬 더 생산적이다.

'도박에서 필승법은 없다'고 했지만, 굳이 통계학적인 관점에서 필승법을 생각해보자면 '초심자의 행운으로 이긴 후에 바

[그림 3-4] 마틴게일 베팅법

룰렛의 '빨강'에 1달러를 건다 → 패배
졌으므로 룰렛의 '빨강'에 2달러를 건다 → 패배
졌으므로 룰렛의 '빨강'에 4달러를 건다 → 패배
졌으므로 룰렛의 '빨강'에 8달러를 건다 → 패배
졌으므로 룰렛의 '빨강'에 16달러를 건다 → 승리

게임 횟수	1회	2회	3회	4회	5회
베팅액	1달러	2달러	4달러	8달러	16달러
승패	패배	패배	패배	패배	승리
수지	**-1달러**	**-3달러**	**-7달러**	**-15달러**	**+1달러**

로 자리를 뜨는 것'이다. 도박꾼들 사이에서는 '초심자가 이기기 쉽다'는 말이 떠돌고 있다. 규칙도 제대로 알지 못하고 처음으로 해본 도박에서 큰 돈을 따는 일이 꽤 일어나는 모양인데, 나는 '그 시점에서 멈추기'를 권한다.

앞서 말했듯이 큰 수의 법칙에 따라, 하면 할수록 손해를 보는 것이 도박이다. 하지만 시행 횟수가 적은 단계에서는 그럴 확률이 빗나간다(자세한 내용은 제4장을 참조하라). 확률의 편향이야말로 '운'의 본질이다.

장기전으로 이어지면 최종적으로 패배하게 되지만, 초심자의 행운으로 큰돈을 딴 시점에서는 환급률이 100%를 넘는 경우도 드물지 않다. 그러한 상태일 때 꼭 자리를 뜨도록 하자. 초심자의 행운으로 성공을 맛본 후에 도박에 재미를 붙이면 도박의 늪에 빠지게 되는데, 그것이야말로 도박장 주인이 바라는 바다.

반복해서 이야기하지만, 주최 측이 따로 있는 도박에 참가했다는 것 자체로 플레이어에게는 꽤나 불리한 싸움이다. 그런데 카지노 게임 중에서도 진행 방식에 따라서 환급률이 100%를 넘는 게임이 있다. 바로 '블랙잭'이다. 프로 블랙잭

플레이어는 '도박'을 하지 않는다고 하는데, 그것은 어떤 의미일까?

2011년, 블랙잭으로 하룻밤 사이에 600만 달러를 번 돈 존슨이라는 남성이 있다. 속임수나 특별한 기술을 사용한 것은 아니었다. 경마 승률을 계산하는 회사의 경영자였던 돈은 게임에 대해서는 잘 알지 못했지만 숫자와 협상에는 강했다.

2008년 경기 침체(리먼 쇼크) 이후 카지노는 경영난에 빠지고 수익의 대부분을 초고액 베팅 고객(하이롤러)에게서 얻었다. 하이롤러를 카지노에 붙잡아두기 위해서 몇몇 카지노에서는 손실의 10%를 하이롤러에게 돌려주기 시작했다. 돈은 카지노 측과 협상해 그 비율을 20%로 올렸다. 예를 들어, 100만 달러를 걸어서 승리하면 모두 자신이 가져가고, 지더라도 20만 달러는 돌려받는 것이다.

또한 돈은 자신에게 유리한 규칙으로 게임을 진행하는 카지노를 찾아다녔다. 블랙잭은 카지노에 따라서 규칙이 조금씩 다르다. 돈은 선호하는 규칙이 있었는데 그 규칙을 따르는 카지노를 발견하면 자신이 하이롤러라는 점을 내세워서 카지노 측에 협상을 제안했다.

몇 가지 조건하에 게임을 한 결과, 돈은 카지노 세 군데에서 반년 동안 1500만 달러(185억 4000만 원)를 땄다. 돈은 "애틀랜틱시티뿐만 아니라 라스베이거스의 어느 카지노에서도 나는 더 이상 환영받지 못한다"고 말했다.

도박계에서는 '주최 측이 반드시 이긴다'는 것이 정설처럼 여겨졌는데, 돈의 이야기는 카지노 세계의 상식을 뒤엎은 전대미문의 성공 스토리가 되었다. 그는 '플레이어는 기존에 정해진 규칙 안에서 싸워야 한다'는 생각을 버리고 자신에게 유리한 규칙을 제안했다. 그 결과 주최 측과 플레이어의 우위가 역전되었다. 물론 때때로 진 게임도 있었지만 확률은 돈의 편이었다. 게임을 장시간 계속할수록 좋은 결과를 낼 수 있다는 큰 수의 법칙에 따라 플레이한 결과, 최종적으로는 누구보다도 많이 이길 수 있었던 것이다.

'일류 도박사는 도박을 하지 않는다'는 말은 '애초부터 이기지 못하는 곳, 승률이 50%인 곳에서는 싸우지 않고, 이길 수 있는 곳에서만 승부를 한다'는 뜻이다. 숫자에 강했던 돈은 계산을 통해서 이길 수 있는 곳과 이길 수 없는 곳을 산출해내고 이길 수 있는 곳에서 승부를 본 것이다.

마작은 기억력이 좋고 확률 계산을 잘하는 사람이 강하고, 포커는 확률 계산뿐만 아니라 심리전에도 능한 사람이 이기는 게임이라고 한다. 선택지를 늘리고 그중에서 자신이 이기기 쉬운 게임을 플레이하는 것. 도박뿐만 아니라 다양한 의사결정에서 활용할 수 있는 중요한 법칙이다.

제 4 장

줄이 가장 빨리 줄어드는 계산대를 찾는 법

표준 편차와 리스크

계산대를 빨리 통과하기 위해 알아야 하는 것

마트의 계산대, 은행의 ATM, 공항의 탑승 수속 창구 등 세상 어디에서나 순서를 기다리는 사람들의 행렬(대기 행렬)을 볼 수 있다.

우리가 평생 동안 계산대 앞에 줄을 서서 보내는 시간은 얼마나 될까? 우선 계산대 앞에 서 있는 횟수를 계산해보자. 수명을 80세로 잡고, 20세부터 매일 무언가를 사고 계산대에서 계산을 한다고 가정하면 (80 - 20)년 × 365일 = 21,900번이다.

통계학을 활용할 때에는 이렇게 '많이 일어나는 일'을 예로 드는 것이 좋다. 왜냐하면 제1장에서 설명한 '큰 수의 법칙'이 작용하기 때문인데, 일상생활에서 자주 일어나는 일일수록 통계학적인 관점을 적용하는 것이 이득이다.

평생 동안 계산대 앞에 서 있는 횟수인 21,900번 중에서 절반은 '앞사람의 계산이 끝나기를 기다리는 상태'로 평균적으로 3분 정도 걸린다고 하자. 그러면 다음과 같이 계산할 수 있다.

21,900번 × 1/2 × 3분 = 32,850분 = 547.5시간 = 약 23일

성인이 된 이후의 삶 중에 '서서 기다리기만 하는 시간(자신이 계산하는 시간은 포함되지 않았다)'이 약 23일씩이나 되는 것이다.

이동 시간이라면 책을 읽거나 음악을 들을 수도 있지만, 물건을 손에 들고 서 있을 때는 그마저도 쉽지 않다. 그러니 가능한 한 대기 시간을 줄이고 싶어지는 것도 당연하다.

기업 입장에서도 고객이 기다리는 시간을 줄여주면 고객 만족도가 향상되어 실적 상승으로 이어질 것이라고 기대할 수 있다.

그런 경우에 도움이 되는 것이 '대기 행렬 이론'이다. 이 이론을 활용해 가급적 대기 시간이 짧은 계산대에 줄을 설 수 있도록 '계산대 눈치 싸움'에서 승리하는 방법을 소개하겠다.

당신은 '고객이 많은 시간대의 마트에서 어느 계산대에 줄을 설지' 어떻게 결정하는가?

- 기다리는 사람의 수가 적은 쪽
- 기다리는 사람의 카트 속 물건이 적은 쪽
- 계산대 직원의 일 처리가 능숙한 쪽

아마 '기다리는 사람의 수가 적은 쪽'이라고 답하는 사람이 가장 많을 것이다. 하지만 그런 식의 선택은 그다지 추천하지 않는다. 뒤에서 설명하겠지만, 계산대 눈치 싸움에서 중요한 것은 기다리는 사람의 수보다 **'계산대가 얼마나 원활하게 돌아가고 있는지'**이기 때문이다. 음식점에서는 그러한 속성을 '회전율'이라고 한다.

서서 먹는 소바 음식점은 점심시간에 가게 앞에서 기다리는 사람이 많아도 의외로 빨리 들어갈 수 있다. 왜냐하면 회전율이 좋기 때문이다. 계산대에도 회전율이라는 것이 존재한다. 정확하게 말하자면 회전율이 아니라 '계산대가 붐비는 정도'인데, 계산을 통해 구해보도록 하자.

여기서부터 몇 가지 계산을 해볼 텐데 계산에 자신이 없다면 읽지 않고 넘어가도 괜찮다. 결론을 알고 싶다면 "계산대가 원활하게 돌아가고 있는지 파악하는 법(87쪽)"을 보기 바란다.

계산대가 붐비는 정도는 '그 계산대에 고객이 얼마나 많이 오는가(A)'와 '계산대 직원의 일 처리 능력(B)'으로 정할 수 있다. 더욱 정확하게 표현하면 다음과 같다.

A : 1시간 동안 계산대에 오는 고객은 몇 명인가

B : 1시간 동안 직원이 처리할 수 있는 고객은 몇 명인가

이 두 가지 변수를 사용해 추정되는 대기 시간을 계산하는 것이 대기 행렬 이론이다.

$$\frac{\text{A : 1시간 동안 계산대에 오는 고객은 몇 명인가}}{\text{B : 1시간 동안 직원이 처리할 수 있는 고객은 몇 명인가}} = \text{계산대가 붐비는 정도(가동률)}$$

직원이 처리할 수 있는 고객의 수(B)보다 많은 고객(A)이 줄을 서 있다면 A/B는 1을 넘는다. 이것을 '계산대의 가동률'이라고 볼 수 있다. 가동률이 100%일 때에는 계산대가 1시간 동안 쉼 없이 돌아가는 상태라는 뜻이다.

가동률이 100%를 넘기면 계산대에서 끊임없이 고객을 처리하고 또 처리해도 줄이 길어지는 상태이라는 말이 되므로, 보통 가동률은 100% 미만으로 유지되고 있다.

예를 들어, 다음과 같은 상황을 상상해보자.

어떤 마트에서는 저녁 8시 시간대에 평균 5분 간격으로 고객이 계산대에 온다. 가동 중인 계산대는 한 곳이고, 직원은 1시간 동안 고객 30명을 처리할 수 있다. 이 상황에서 가동률은 얼마일까?

A : 1시간 동안 계산대에 오는 고객은 몇 명인가

→ 60 ÷ 5 = 12명

B : 1시간 동안 직원이 처리할 수 있는 고객은 몇 명인가

→ 30명

이때의 가동률은 다음과 같다.

A/B = 12/30 = 0.4

가동률은 40%로 '저녁 8시 시간대에는 계산대가 40%(24분) 가동되고 있는 상태'다. 가동률이 100% 미만이라는 것은 고객이 계산대에 오는 속도보다 계산대에서 고객을 처리하는 능력이 뛰어나기 때문에, 일시적으로 2명 이상 대기하게 되더라도 줄은 금방 줄어들게 되는 상태다.

당신은 그 마트의 단골손님으로, 퇴근 후에는 늘 마트에 들러서 저녁을 사 간다고 해보자. '저녁 8시쯤 마트에 가면 계산대에는 고객이 한 명 있을까 말까 한 수준이라서 여유롭다'고 생각해왔다면, 그러한 느낌이 올바른 것인지 확인해보자.

계산대에서 기다리고 있는 고객의 수는 다음과 같이 계산할 수 있다.

(A/B) / {1 - (A/B)}(명)

앞서 A/B = 0.4라고 구했으므로 위의 식에 대입하면 다음과 같다.

(0.4) / (1 - 0.4)
= 2/3(명)

왜 이런 계산을 하는지에 대한 설명은 일단 제쳐두자. 여기서 2/3명은 '내 앞에 몇 명이 기다리고 있는가'를 나타낸다. '이 시간대에 마트에 가면 계산대가 붐비는 정도는 고객이 한 명 있을까 말까 한 수준'이라고 해석할 수 있다.

그리고 그때 나의 대기 시간은 '기다리고 있는 고객의 수 × 평균적으로 계산대를 통과하는 데 걸리는 시간'으로 계산할 수 있다.

평균적으로 계산대를 통과하는 데 걸리는 시간은 다음과 같은 식으로 나타낼 수 있다.

(1(시간)) / (B : 1시간 동안 직원이 처리할 수 있는 고객은 몇 명인가)

이를 계산하면 다음과 같다.

1/B = 1/30(시간) = 2(분)

이 값을 '기다리고 있는 사람의 수 × 평균적으로 계산대를 통과하는 데 걸리는 시간'에 대입하면 나의 대기 시간을 계산할 수 있다.

2/3(명) × 2(분) = 4/3(분) = 80(초)

결론적으로 '저녁 8시에 마트에 가면 계산대 앞에는 고객이 한 명 있을까 말까(2/3명) 한 수준이라서, 계산대에 줄을 선 후에 내 차례가 될 때까지 평균 80초 정도 기다리면 된다'

라고 해석되기 때문에, 앞서 말한 여유롭다는 느낌은 사실과 같다고 볼 수 있다.

이렇듯 내가 계산대에서 기다리는 시간을 결정하는 것은 '계산대에 고객이 얼마나 많이 오는가(A)'와 '계산대 직원의 일 처리 능력(B)'이다. 하지만 대부분의 사람들은 '어느 쪽 계산대에 줄을 설 것인가'를 결정할 때에 우선 '계산대에 줄을 서고 있는 사람의 수(행렬의 길이)'부터 볼 것이다.

하지만 대체로 어느 계산대든 대기 행렬에 큰 차이는 없다. 계산대에서 고객을 처리하는 속도가 빠를수록 그만큼 대기 인원은 줄어들기 때문에, 고객을 많이 처리할 수 있는 곳일수록 사람들이 몰린다.

즉, '계산대에 고객이 얼마나 많이 오는가(A)'도 '계산대 직원의 일 처리 능력(B)'에 영향을 받는다고 할 수 있다. 그러니 계산대별 대기 행렬의 길이를 비교하기보다, 어느 계산대가 원활하게 돌아가고 있는지를 파악하는 편이 계산대를 빨리 통과하는 데에 도움이 된다.

계산대가 원활하게 돌아가고 있는지 파악하는 법

이제부터 어느 계산대가 원활하게 돌아가고 있는지를 파악하는 방법을 소개하겠다.

① 2인 체제로 돌아가는 곳

2인 체제로 운영되는 계산대에 줄을 서는 것이 가장 좋다. 고객들은 의외로 이 사실을 알아차리지 못한다. 계산대에서 이루어지는 작업은 크게 '스캐닝'과 '결제'로 나뉜다. 스캐닝은 상품의 바코드를 읽는 작업이고, 결제는 돈이나 카드를 주고받는 작업이다. 여기서는 이 두 가지 작업을 합쳐서 '계산대 통과'라고 부르기로 하자.

직원 A가 고객의 상품을 스캐닝하고 있을 때, 직원 B는 다른 고객의 결제를 진행하는 식으로 동시 작업이 가능하다. 포스 시스템을 제조·판매하는 기업인 주식회사 데라오카세이코의 조사 결과에 따르면, 고객이 구입한 상품이 10개인 경우에 스캐닝하는 데에는 평균 27초, 결제하는 데에는 약 21초가 걸린다고 한다. 스캐닝과 결제가 거의 비슷한 속도로 진행되므로 계산대를 2인 체제로 운영하면 처리량은 2배 가까이 늘어나게 된다. 실제로는 구입한 상품의 수나 결제 방식에 따른 차이가 있으므로 2배까지는 되지 않을 것이다. 하지만 여기서는 계산의 편의를 위해 2배라고 가정하자.

예를 들어, 포인트를 10배 적립해주는 이벤트를 하는 날에는 저녁 8시 시간대에 계산대를 두 군데 연다고 하자. 그리고 두 군데 모두 평균 5분 간격으로 고객이 온다고 하자.

- 첫 번째 계산대는 1인 체제로 운영하고 있어서 1시간 동안 고객 30명을 처리할 수 있다
- 두 번째 계산대는 2인 체제로 운영하고 있어서 1시간 동안 고객 60명을 처리할 수 있다

1인 체제의 계산대에서 고객이 대기하는 시간은 앞서 계산한 바와 같다. 그렇다면 2인 체제의 계산대에서 고객이 대기하는 시간은 얼마나 될까?

A : 1시간 동안 계산대에 오는 고객은 몇 명인가

→ 12명(1인 체제의 계산대와 같음)

B : 1시간 동안 직원이 처리할 수 있는 고객은 몇 명인가

→ 60명(2인 체제일 경우에는 1시간 동안 처리할 수 있는 양이 2배 늘어난다고 가정)

A/B : 가동률(계산대가 붐비는 정도)

→ 12/60 = 1/5

(A/B) / 1 - (A/B) : 계산대에서 기다리고 있는 고객의 수

→ (1/5) / 1 - (1/5) = 1/4(명)

1/B : 평균적으로 계산대를 통과하는 데 걸리는 시간

→ 1/60(시간) = 1(분)

기다리고 있는 사람의 수 × 평균적으로 계산대를 통과하는 데 걸리는 시간 : 나의 대기 시간

→ 1/4(명) × 1(분) = 1/4(분) = 15(초)

계산대가 2인 체제로 운영되면서 나의 대기 시간은 80초에서 15초로 5배 이상 단축되었다. 처리량이 2배가 되면서 대기 시간이 반으로 줄어든 게 아니라 훨씬 짧아졌다는 사

[그림 4-1] 1인 체제와 2인 체제의 대기 시간 비교

	A	B	A/B	대기 인원	대기 시간
1인 체제	**12명**	**30명**	**2/5**	**2/3명**	**80초**
2인 체제	**12명**	**60명**	**1/5**	**1/4명**	**15초**

A : 1시간 동안 계산대에 오는 고객은 몇 명인가

B : 1시간 동안 직원이 처리할 수 있는 고객은 몇 명인가

A/B : 1시간당 계산대가 가동되는 비율(가동률)

대기 인원 : 계산대에서 기다리고 있는 고객의 수

대기 시간 : 내 차례가 될 때까지 기다리는 시간

실을 알 수 있다(그림 4-1).

'처리량이 2배가 되면 나의 대기 시간은 절반 이상 줄어든다'는 점을 기억해두면, 2인 체제로 운영 중인 계산대가 있을 때 줄을 서 있는 고객이 다른 곳보다 1~2명 많더라도 그쪽에 줄을 서야 계산이 빨리 끝날 것이라고 판단을 내릴 수 있다.

② 아직 운영 전인 곳

계산대 한 곳이 너무 붐비면 비어 있던 계산대 한 곳이 열리면서 "다음 고객님, 이쪽에서 계산해드리겠습니다"라는 목소리가 들려오기도 한다. 즉, 계산대의 수가 2배로 늘어나는 것이다. 이런 경우도 가동률이 절반이 되므로 앞서 계산한 것과 같이 대기 시간은 80초에서 15초로 단축된다. 다만 이 방법은 운 좋게 계산대가 열리는 순간을 마주하는 경우에만 효과를 볼 수 있으므로 "① 2인 체제로 돌아가는 곳"보다는 확실한 방법이 아니다. 대형 마트 중에는 '3명이 줄을 서면 비어 있는 계산대를 연다'는 규칙이 정해진 곳도 있으므로, 3명 정도 줄을 서기 시작했다면 옆에 비어 있는 계산대로 가는 것이 도움이 될지도 모른다.

③ 업무 처리 능력이 뛰어난 직원이 있는 곳

계산대에서 하는 일에 단순 작업만 있는 것은 아니다. 상품이 망가지지 않도록 봉투에 담는 순서를 생각해야 하고, 포스 단말기의 조작법을 기억해야 하며, 임기응변이 요구되는 순간도 있다. 베테랑 직원은 빠르고 정확하게 작업할 수 있으므로 업무 처리 능력이 뛰어나다. 굳이 '신입 직원이 담당하는 계산대에 가고 싶다'는 생각을 하는 게 아니라면, 바쁠 때에는 업무 처리 능력이 좋아 보이는 직원이 담당하는 곳에 줄을 서자.

④ 카트 안에 물건이 적은 고객이 줄을 서 있는 곳

상품 하나당 스캐닝에 걸리는 시간은 약 3초이므로, 가능한 한 카트 안에 물건이 적은 사람이 있는 쪽으로 가는 것이 좋다. 하지만 현실적으로 그 정도까지 구분하는 것은 힘들고, 한 계산대의 고객이 카트에 담은 상품 수가 다른 계산대 고객의 절반 정도라고 해서 계산 시간이 많이 단축되는 것은 아니기 때문에, 그렇게 큰 효과는 기대하기 어렵다.

계산대에 줄을 서려고 할 때에 눈앞의 행렬(현재 줄을 서 있는 사람들의 수)이나 그 사람들의 카트에 담긴 물건의 수를 보고 '여기가 괜찮으려나' 하고 줄을 서는 경우가 대부분일 것이다. 그때 간과해서는 안 되는 것이 계산대에 서 있는 직원의 능력이다. 셀프 계산대의 경우, 유인 계산대와 비교했을 때 '1시간 동안 처리할 수 있는 고객의 수'가 압도적으로 적었다.

셀프 계산대를 이용해본 사람이라면 알겠지만, "스캔되지 않은 상품이 있습니다. 다시 한번 확인해주시기 바랍니다"라며 기계에게 혼나기도 하다 보니 결제가 원활하게 진행되지 않는다. 이러한 이유로 나는 유인 계산대를 주로 이용하는 편이다.

어느 날, 어머니와 함께 마트에 갔을 때의 일이다. 계산대가 조금 붐볐지만(각 계산대에 2명 정도가 대기하고 있었다) 그래도 유인 계산대에 줄을 서려고 했더니, 어머니는 "이쪽이야!"라며 셀프 계산대 쪽으로 향했다. "유인 계산대가 빠를 텐데?"라고 말했지만, "나는 기다리는 게 싫어!"라는 답이 돌아왔다. 어차피 사려는 물건의 양이 적었으므로 괜찮겠지 싶었다. 하지만 결과적으로는 유인 계산대의 고객들이 우리보다 먼저 계산대를 통과했으므로 '역시나'라는 생각이 들었다. 물론 유인 계산대의 경우에 '아무것도 하지 않고 기다리기만 하는 시간'이 긴 것은 사실이다.

셀프 계산대는 '직접 스캐닝을 한다'는 동작이 발생하므로 계산대를 통과하는 시간이 길기는 하지만 '기다리는 것이 싫다'는 심리적인 부담은 덜어주었을 것이다.

요즘에는 스캐닝은 계산대 직원이 해주고 결제는 고객이 직접 하는 방식도 보급되고 있다고 한다. 나는 그것이 가장 좋은 방법이라고 생각하는데, 그 이유를 통계학적으로 설명해보겠다.

앞서 '계산대 통과'를 세분화하면 스캐닝과 결제라는 두 가지 동작으로 나뉜다고 했다. 이 중에서 결제에 걸리는 시간은 10~30초 정도다(평균 20초라고 하자). 가끔 잔돈을 맞추어서 내느라 열심히 돈을 세는 고객이 다른 고객들에게 눈총을 받는 일도 있지만, 실제로 걸리는 시간에는 크게 차이가 없다. 그렇다면 스캐닝에 걸리는 시간은 어떨까? '그거야 사람마다 다르겠지'라고 생각하는가?

'각 데이터의 흩어진 정도'를 통계학에서는 '표준편차'라는 지표로 나타낸다. 표준편차가 클수록 데이터들의 흩어진 정도가 크고, 표준편차가 작을수록 흩어진 정도가 작다. 어떤 학급의 국어 시험 결과와 수학 시험 결과를 예로 들어보자(그림 4-2)

평균은 두 과목 모두 50점이다. 하지만 점수가 흩어진 정도는 어떤가? 수학이 국어보다 점수가 흩어진 정도가 크다. 표준편차를 계산하는 방법은 일단 제쳐두자. 여기서는 '데이

[그림 4-2] 국어 시험 결과와 수학 시험 결과

과목(점수) / 이름	국어	수학
다나카	44	24
스즈키	61	76
엔도	65	78
다케다	63	64
야마다	40	32
하시모토	41	27
구로이	53	55
이와모토	56	62
이토	40	59
안도	37	23
합계	500	500
평균	50	50
표준편차	10.23	20.41

터를 요약할 때에는 평균값뿐만 아니라, 데이터의 흩어진 정도를 나타내는 지표로 표준편차도 사용한다'는 정도로만 이해하기 바란다.

통계학은 미래를 예측하고 어떤 현상의 원인을 밝혀내는 데에 활용되는 학문인데, 일상생활에서는 특히 미래를 예측할 때에 표준편차가 유용하게 쓰인다.

예를 들어, 지금부터 약속 장소까지 15분 만에 가야 하는 상황이라고 해보자. 차가 없어서 대중교통을 이용해야 하는데, 걸어서 15분 정도 걸리는 거리다. 택시를 타면 평균 5분 정도 걸리고, 택시를 잡기까지 평균 3분 정도 걸린다. 이 정도 정보라면 아마도 택시를 선택하는 사람이 많을 것이다.

그런데 마침 교통 체증이 있는 시간대이고 택시가 바로 잡힐 거라고 단정할 수도 없다. 그런 상황이라면 이런 생각이 들기 시작할 것이다. '택시만 금방 잡히면 빨리 도착할 수 있을 거야. 하지만 길이 막히면 엄청 늦을 것 같아. 그 사람은 약속 시간에 엄격한 편인데. 택시는 도착 시간을 예상하기가 어려워. 그렇다고 걸어가기엔 15분은 길고. 아, 어떡하지.' 이런 식의 고민은 누구나 한 번쯤 해본 적이 있을 것이다.

'택시는 도착 시간을 예상하기 어렵다'고 생각한 것은 예측되는 도착 시간의 범위가 너무 넓기 때문이다. 즉, 표준편차라는 단어를 알지 못해도 누구나 '데이터의 흩어진 정도'에 대한 감각을 가지고 있는 것이다. 이번 예시와 같은 경우에는 고민 끝에 걸어간다는 선택지를 택했을 것이다. 왜냐하면 걸어가는 경우에는 길이 막힐 일이 없어서 '도보 15분'이라는 데이터에 큰 오차는 없을 것이므로 혹시 늦더라도 몇 분 정도일 것이라고 예상하기 때문이다.

이렇듯 **미래를 예측할 때에는 평균값뿐만 아니라 '데이터의 흩어진 정도'라는 개념을 고려해 의사결정을 한다. 당연한 말이지만, 데이터의 흩어진 정도가 작은 쪽을 선택하는 것이 좋은 의사결정이라고 할 수 있다. 예측의 정확도가 높아지기 때문이다.** 언제나 마감일 전날에 업무를 끝내는 사람과, 마감일보다 며칠씩 일찍 끝낼 때도 있고 아슬아슬하게 마감일을 맞출 때도 있는 사람이 있다면, 안정적으로 마감일을 지키는 사람(마감일 데이터의 흩어진 정도가 작은 사람)에게 일을 의뢰할 것이다.

다시 계산대 이야기로 돌아가자. 유인 계산대에서는 스캐닝에 걸리는 시간과 결제하는 데에 걸리는 시간 중 어느 쪽이 표준편차(데이터의 흩어진 정도)가 클까? 바로 스캐닝이다. 마찬가지로 셀프 계산대(스캐닝과 결제 모두 고객이 직접 함) 역시 스캐닝에 걸리는 시간의 표준편차가 더 크다.

그렇다면 고객의 상품 수가 같은 경우에 유인 계산대와 셀프 계산대 중 스캐닝 시간의 평균은 어느 쪽이 더 길까? 셀프 계산대다. 계산대의 직원은 훈련을 통해 일정한 속도로 스캐닝을 할 수 있지만, 일반 고객들은 스캐닝을 할 때 허둥대는 일이 많기 때문이다. 마찬가지로 고객의 상품 수가 같은 경우에 유인 계산대와 셀프 계산대 중에서 스캐닝 시간의 표준편차는 어느 쪽이 클까? 바로 셀프 계산대다. 계산대 직원은 일정한 속도로 처리할 수 있는 것에 반해, 고객은 스캐닝에 익숙한 사람과 그렇지 않은 사람 사이에 차이가 나기 때문이다.

한편 결제 시간의 평균과 표준편차는 유인 계산대와 셀프 계산대에서 그렇게 차이가 나지 않는다. 따라서 스캐닝은 직원이 하고 결제는 고객이 하는 방식은 표준편차가 큰 스캐닝을 직원이 담당함으로써 표준편차를 줄이는 동시에, 고객이 직접 스캐닝할 때보다 평균 속도를 높일 수 있다. 게다가 표준편차가 작은 작업인 결제는 고객이 직접 해도 괜찮으므로

(그 사이에 직원은 다음 고객의 상품을 스캐닝할 수 있다) 어떻게 보더라도 합리적인 방식이다.

참고로, 결제 시간을 더욱 단축시키고 싶은 사람에게는 비현금 결제를 추천한다. 주식회사 JCB의 조사에 따르면 현금 결제에 소요되는 시간과 비현금 결제에 소요되는 시간이 평균 16초나 차이가 난다고 한다(그림 4-3). 이 조사에서는 '비현금 결제보다 현금 결제의 평균 소요 시간이 더 길다'는 결과만 언급하는데, 표준편차도 주목할 필요가 있다. 현금 결

[그림 4-3] 현금 결제와 비현금 결제의 속도 차이

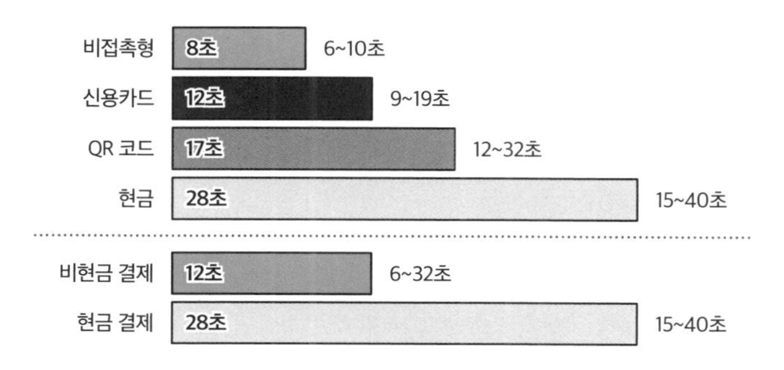

위 : 현금, 신용카드(사인 생략), 비접촉형(QUICPay™ : 모바일 결제 서비스), QR 코드의 결제 속도 차이
아래 : 현금, 비현금 결제 속도 차이

주식회사 JCB 홈페이지(https://www.global.jcb/ja/press/)에서 인용

제와 비현금 결제 중 어느 쪽이 표준편차가 작을까? 바로 비현금 결제다. 현금 결제의 경우에는 잔돈을 꺼내느라 시간이 걸리는 사람도 있지만, 비현금 결제의 경우에는 정해진 동작(교통 카드는 단말기에 대기만 하면 된다)만 하면 되므로 표준편차가 작다. 즉, 비현금 결제는 속도로 보나 표준편차로 보나 뛰어난 방식인 것이다.

평소에 물건을 살 때 결제하는 방식을 모두 비현금 결제로 바꾼다면 연간 약 3시간을 아낄 수 있다는 계산 결과도 나와 있다. '성공하는 사람들은 일 처리가 빠르다'는 말이 자주 들려오는데, '성공하는 사람들은 계산대를 통과하는 속도가 빠르다'라고 바꾸어 말해도 과언이 아니다.

수익과 위험을 정확하게 이해하자

어떤 일에 대해 예측할 때에 '수익을 얼마나 기대할 수 있는가'를 고려하는 사람이 많을 것이다. 수익의 지표로서 주로 이용되는 것은 평균값이다(제2장 참조).

하지만 불확실한 미래를 예측할 때에 수익만 생각하는 것은 좋은 의사결정이라고 할 수 없다. 예측한 값과 실제 결과 사이에 차이가 생기기 때문이다. '실제 결과가 예측한 값에서 벗어날 것 같은 정도'를 '위험(리스크)'이라고 한다.

'위험을 무릅쓴다'는 표현은 일상적으로 사용되는데, 그것이 정확하게 어떤 의미인지 이해하고 있는 사람은 많지 않은 것 같다.

'위험'을 마이너스 수익이라고 생각하는 사람이 있는데, 통계학과 투자업계에서 말하는 위험이란 예측과 실제 결과 사이의 차이를 가리킨다. '리스크가 크다'는 말은 '예측과 실제 결과 사이에 차이가 클 것 같다'는 뜻으로 해석된다. 리스크의 크기는 표준편차로 나타낸다. 리스크가 작은 쪽이 예측한 값에서 실제 결과가 크게 벗어나지 않을 것이다. 한편 위험 관리(risk hedge)란 실제 결과가 안 좋은 방향으로 치우쳐 있을 때 손해를 줄이기 위해 마련하는 보험을 가리킨다.

의사결정을 내릴 때에는 수익뿐만 아니라 '예측과 실제 결과가 얼마나 다를 것 같은지'도 함께 고려하도록 하자.

제 5 장

빠른년생은 운동선수가 될 수 없다?

상관관계와 인과관계

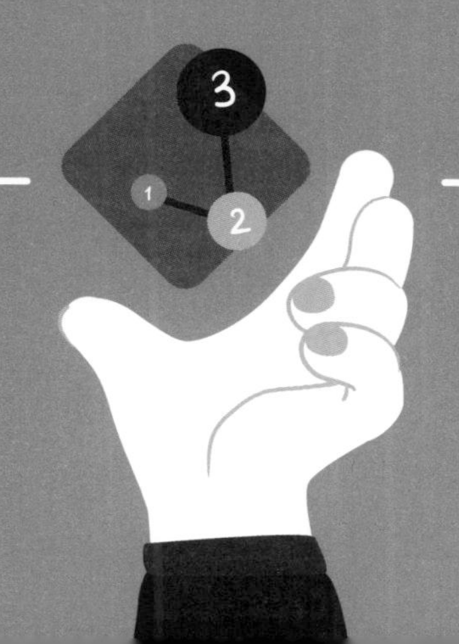

숫자는 거짓말을 하지 않는다

퀴즈를 내겠다.

다음 중 올바른 것을 골라보자.

① 경찰관이 많은 지역은 범죄 발생 건수가 많다
② 아이스크림이 잘 팔리는 날에는 물가에서 사고가 많이 일어난다
③ 체중이 많이 나가는 초등학생일수록 달리기가 빠르다

정답은 '모두 옳다'이다.

'정말 그렇다고?'라는 생각이 든다면 통계의 속임수에 속

고 있는 것이다. 세상은 '○○을 하면 ○○이 된다'는 식의 홍보 문구로 넘쳐난다. 하지만 그 말을 있는 그대로 받아들여서는 안 된다. 광고에 실린 모델의 비포-애프터 사진을 보면서 '이 제품을 사용하면 나도 이렇게 될 수 있을 거야!'라고 믿기 쉽지만, 잠깐 멈추어 서서 생각해보자. 데이터 자체는 올바르더라도 보여주는 방식을 바꿈으로써 보는 사람이 받는 인상을 조작할 수 있기 때문이다.

숫자는 거짓말을 하지 않지만 인간은 거짓말을 한다. 데이터 사회에서는 숫자의 거짓말을 꿰뚫어 볼 수 있어야 한다. 빈집털이를 막으려면 빈집털이의 수법을 알아야 하듯이, 숫자에 속지 않으려면 숫자를 이용한 속임수를 배울 필요가 있다.

먼저 '① 경찰관이 많은 지역은 범죄 발생 건수가 많다'부터 살펴보자. 데이터만 봤을 때는 맞는 말이다. 그렇다면 '경찰관 수를 줄이면 범죄 발생 건수도 줄어든다'고 해석해도 될까? 물론 답은 'NO!'이다. 이런 식의 데이터가 나온 것은 '인구가 많은 지역일수록 경찰관의 수가 많다. 인구가 많은 지역일수록 범죄 발생 건수가 많다. 따라서 경찰관이 많은 지역은 범죄 발생 건수가 늘어난다'라는 과정을 거쳤기 때문이다.

이것은 제2장에서 다루었던 복권의 예시와 같은 이야기로, '복권이 많이 판매되는 곳일수록 고액 당첨자가 나오기 쉽다'는 것은 수학적으로 맞는 말이지만, 당첨 확률이 높은 것과 당첨된 복권이 많은 것은 별개의 문제다.

'② 아이스크림이 잘 팔리는 날에는 물놀이 사고가 많이 일어난다'는 말은 어떨까? 이것 역시 데이터만 봤을 때는 맞는 말이다. 그렇다면 '아이스크림을 팔지 않으면 물놀이 사고가 줄어든다'고 할 수 있을까? 물론 답은 'NO!'이다. 아이스크림이 잘 팔리는 때는 여름철이다. 여름철에는 바닷가, 강가, 수영장에 놀러 가는 사람이 많기 때문에 물놀이 사고가 늘어난다. 아이스크림 판매를 규제한다고 해서 물놀이 사고가 줄어들지는 않을 것이다.

마지막으로 '③ 체중이 많이 나가는 초등학생일수록 달리기가 빠르다'는 말을 살펴보자. 이것 역시 데이터만 봤을 때는 맞는 말이다. 그렇다면 '많이 먹어서 살이 찌면 달리기가 빨라진다'고 해석해도 될까? 물론 답은 'NO!'이다. 체중이 무거운 아동은 고학년에 많다. 고학년 아동은 저학년 아동에 비해 달리기가 빠르다. 따라서 '체중이 많이 나갈수록 달리기가 빠르다'는 관계가 성립되는 것이다.

이해했는가? 첫 번째 예에서는 '인구', 두 번째 예에서는 '계절(기온)', 세 번째 예에서는 '학년(연령)'이 진짜 원인으로 숨어 있었다. 진짜 원인이 아닌 것은 조작해도 결과에 영향을 미치지 않는다. 이렇듯 상관관계를 인과관계로 오인하는 것을 '착각적 상관'이라고 한다.

'상관'이란 두 변량의 관련성을 의미한다. 예를 들어, 키와 몸무게 사이에는 상관관계가 있다. 키가 큰 사람일수록 몸무게는 무거워진다. [그림 5-1]은 키와 몸무게를 나타낸 산점도다. 직선적으로 우상향한다는 것을 알 수 있다. 이것을 '양의 상관관계'라고 한다. 한쪽이 증가하면 다른 한쪽도 증가하는 관계다.

[그림 5-2]는 2016년 일본 각 도도부현의 연간 평균 기온과 눈이 온 날의 수를 나타낸 산점도다. 그래프는 우하향하

[그림 5-1] 키와 몸무게의 관계

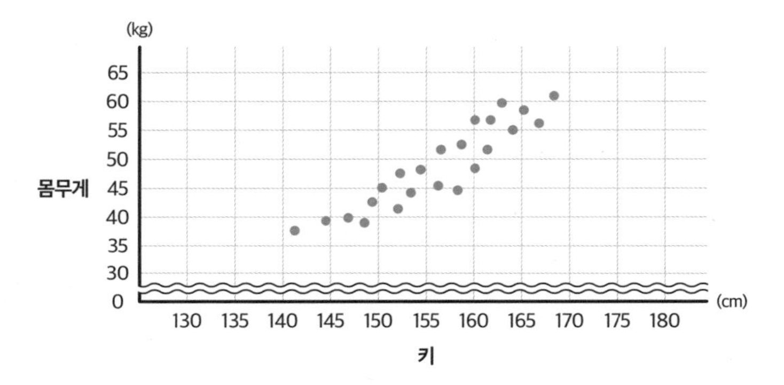

도쿄도 총무국 통계부의 "중학생을 위한 통계학, 배워보자 통계(https://www.toukei.metro.tokyo.lg.jp/)"에서 인용

는 모습을 보인다. 이는 평균 기온이 낮은 지역일수록 눈이 내리는 날이 많아지기 때문이다. 이렇듯 한쪽이 감소하면 다른 한쪽도 감소하는 관계를 '음의 상관관계'라고 한다. 한편 상관관계가 없을 때에는, '두 변량 사이에 어떠한 연관성도 없다'고 보면 된다.

두 변량의 관련성의 정도를 나타내는 지표를 '상관계수(r)*'라고 한다. 상관계수는 −1~1의 값을 가지는데, 관련성이

* 수식에서는 'r'이라고 표기한다

[그림 5-2] 일본의 각 도도부현별 평균 기온과 눈이 온 날 사이의 관계

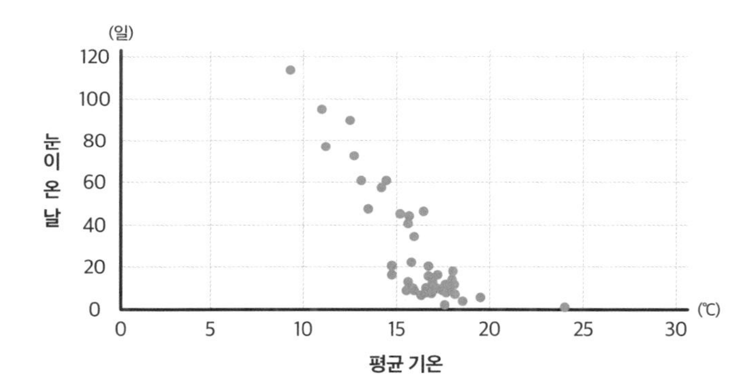

「2018년 통계로 보는 도도부현의 모습」(총무성)을 바탕으로 직접 작성

[그림 5-3] 상관계수를 해석하는 방법

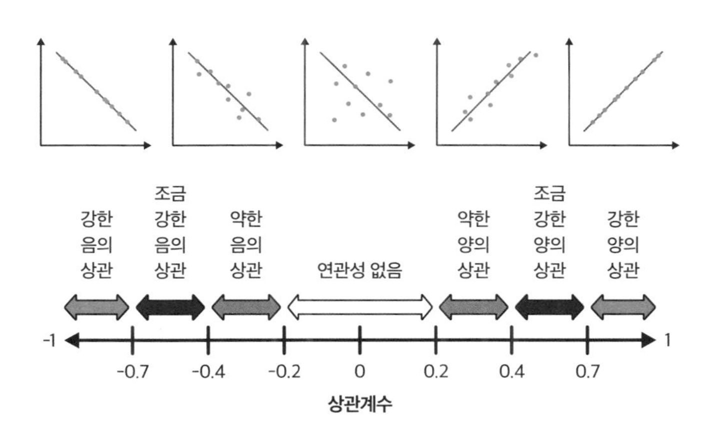

데이터 사이언스 정보국 홈페이지(https://analysis-navi.com/)에서 인용

강할수록 절댓값은 1에 가까워진다(그림 5-3).

일반적으로 상관계수가 0.5 이상이면 상관이 강하다고 판단하는 경우가 많다. 이 값이 얼마나 강한 상관을 나타내는 것이냐면, '부모 키와 자녀 키의 상관계수'가 대략 0.4~0.5라고 한다.

상관계수의 값은 엑셀에서 함수 하나만 사용하면 쉽게 구할 수 있지만, 그만큼 해석을 잘못하는 사람들이 꽤 많다.

상관관계를 이용해 사람을 속이는 법

앞에서 냈던 퀴즈의 세 가지 보기는 '두 변량의 상관관계가 강한 것'이었다. 하지만 상관관계가 있다고 해서 그것이 인과관계라고는 할 수 없다는 점에 주목해야 있다. 예를 들어, "① 경찰관이 많은 지역은 범죄 발생 건수가 많다"에서 나오는 수치는 다음 두 가지다.

- 그 지역의 경찰관 수
- 그 지역의 범죄 발생 건수

분명 두 변량 사이에 상관관계가 있지만, '경찰관 수(원인)

→ 범죄 발생 건수(결과)'라는 관련성이 있는 것은 아니다(절대로 인과관계가 성립하지 않는다고 단정할 수는 없지만 논리적으로 생각해 보면 말이 안 된다). '그 지역의 인구'라는 보이지 않는 제3의 변수가 두 변량의 진짜 원인이다. 다음 두 가지도 마찬가지다.

② 아이스크림이 잘 팔리는 날에는 물놀이 사고가 많이 일어난다

③ 체중이 많이 나가는 초등학생일수록 달리기가 빠르다

각각 '계절(기온)', '학년(연령)'이 제3의 변수다.

이와 같이 보이지 않는 제3의 변수를 외생변수라고 한다. 외생변수 때문에 단순한 상관관계를 인과관계로 착각하는 일이 흔한데(착각적 상관), 그러한 관계를 '허구적 상관' 또는 '의사 상관'이라고 한다. 통계에 밝지 않은 사람은 상관관계와 인과관계를 혼동해 설명하는 경우가 있으므로 주의해야 한다(개인적으로 상관관계와 인과관계를 명확하게 구분해 설명하는 사람이 적다고 느낄 때가 많다).

상관관계는 초보자도 쉽게 접근할 수 있는 개념이므로 더 초보인 사람에게 그럴듯하게 이야기할 수 있다. 예를 들어,

'와인을 마시는 양과 연봉 사이에 상관관계가 있다! 와인을 마시자!'는 이야기를 듣고 '그렇구나! 그럼 오늘부터 와인을 마셔야지!'라고 생각하는 것은 너무 안일한 자세다. 애초에 비싼 와인을 살 수 있을 정도로 경제력을 갖춘 사람이니까 와인을 자주 마시는 것일지도 모른다.

'성공한 사람일수록 명품 시계를 찬다'는 데이터를 보고, '명품 시계를 가지면 성공할 수 있다'고 해석하는 것은 어떨가? 오히려 '성공했으니까 명품 시계를 살 수 있었던 것이다'라고 생각할 수 있듯이, 인과관계가 역전된 패턴도 착각적 상관의 예다.

이렇듯 단순한 상관관계를 마치 인과관계가 있는 것처럼 보여주면 통계에 어두운 사람을 속일 수 있다. 상관관계는 통계 분석 중에서도 초보자가 활용하기 쉬운 가장 간단한 방법인데, 잘못 이해하기도 쉬우므로 주의해서 사용해야 한다. 그리고 속지 않도록 주의하자. 그러려면 '두 변량 사이에 상관관계가 있다'는 주장이나 데이터를 봤을 때, '착각적 상관 아닐까? 제3의 변수(진짜 원인)는 무엇일까?'라고 생각하는 습관을 들이는 것이 도움이 된다.

이제부터 연습을 해보자.

다음은 상관관계의 예다. 왜 상관관계가 있는 것인지 생각해보자.

① 전등을 켜놓고 자는 아이는 근시가 된다

② 이과생은 약지가 검지보다 길다

③ 운동선수 중에는 빠른년생*이 적다

그럼 하나씩 살펴보자.

① 전등을 켜놓고 자는 아이는 근시가 된다

방의 밝기와 근시 사이에는 의학적으로 직접적인 인과관계가 없다고 알려져 있다. 근시는 유전의 영향이 크다고 한다. 근시인 부모는 늦게까지 불을 켜두는 경우가 많으므로 데이터를 모으면 이런 관계를 찾을 수 있다. 지금은 전등을 켜놓고 자는 것은 아이의 시력에 영향을 주지 않는다고 본다.

---

* 일본에서는 4월에 신학기가 시작되므로 1~3월에 태어난 아이를 빠른년생이라고 한다. 같은 해에 태어났더라도 1~3월에 태어난 아이는 4~12월에 태어난 아이보다 초등학교에 1년 빨리 입학하게 된다.

② 이과생은 약지가 검지보다 길다

이과는 여학생보다 남학생의 비율이 높다. 그리고 남성은 테스토스테론이라는 남성 호르몬이 많다. 여성에게도 있지만 남성보다는 적다. '테스토스테론이 유전적으로 많은 사람은 약지가 검지보다 길다'는 것은 잘 알려진 사실이다.

③ 운동선수 중에는 빠른년생이 적다

일본의 운동선수 5000명을 대상으로 운동 종목, 선수의 출신지, 생년월일, 성별, 소속 팀, 포지션, 키, 몸무게 등 다양한 속성에 관한 데이터를 수집해 분석했더니 의외의 결과가 나왔다(그림 5-4).

2018년 일본 프로 야구 선수(NPB)와 축구 선수(J1) 1395명의 생년월일을 수집해 결과를 봤더니, 4~9월에 태어난 사람이 많았고, 1~3월에 태어난 사람은 적다는 것을 알 수 있었다. 프로 농구 선수(B1) 289명에 대한 데이터를 추가해도 결과는 같았다. '애초에 출생 월 자체에 편향이 있었던 것은 아닐까?' 하고 생각해 출생 월의 비율을 과거 50년 동안의 인구 통계와 비교했는데, 인구 통계와 운동선수 데이터 사이에 차이가 있었으므로 운동선수 특유의 경향이라고 말할 수 있다.

[그림 5-4] 일본 운동선수의 출생 월 분포

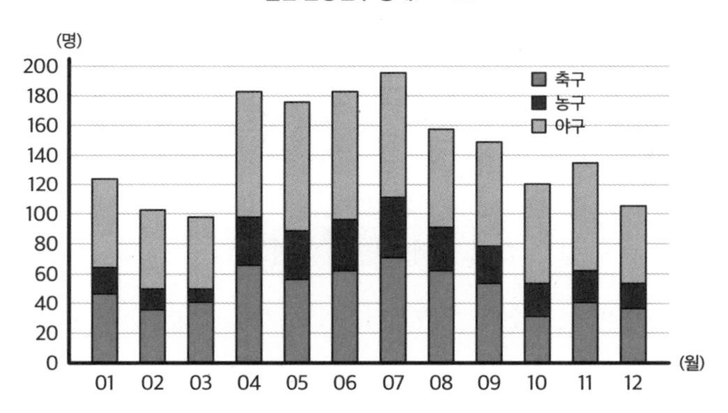

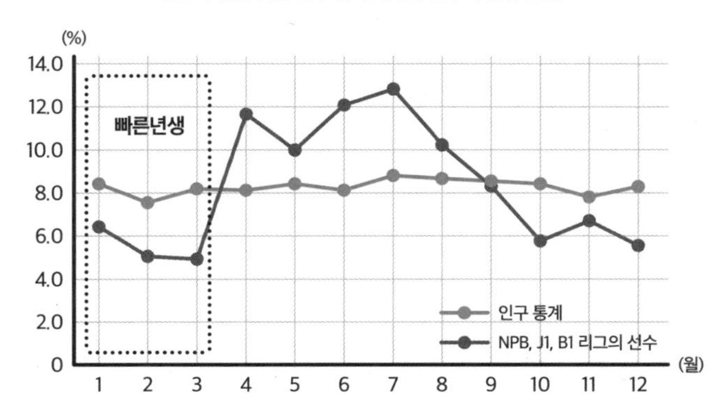

주식회사 DIVA 홈페이지(https://www.diva.co.jp/)에서 인용

데이터를 보면, '봄에 태어난 아이가 운동선수가 되기 쉬운가?'라고 생각할 수 있지만, '봄에 태어나다→운동선수가 되기 쉽다'라는 직접적인 인과관계는 없다. 자신의 어린 시절을 떠올려보자. 공부나 운동을 잘하는 친구는 봄~여름에 태어난 경우가 많았을 것이다. 하지만 그것은 다른 아이들에 비해 공부나 운동을 경험할 시간이 더 길었다는 점에서 기인한 것이라고 볼 수 있다.

1~3월에 태어난 빠른년생 아이들에게는 열심히 노력하는 것, 자신감을 가질 수 있는 분야에 뛰어드는 것이 중요하다. 인간의 성격 중 절반은 유전으로 정해진다는 사실은 잘 알려져 있다. 나머지 절반은 대부분 인간관계를 통해서 정해진다고 한다.

심리학에서 가장 믿을 만하다고 여겨지는 성격 분석 방법으로 '빅 파이브'가 있다(그림 5-5). 성격에는 외향성, 친화성, 성실성, 신경증, 개방성이라는 다섯 가지 특성이 있는데, 그중 업무 성과와 가장 연관된 성격 특성은 '성실성'이라고 한다. 성실성이란 꾸준히 노력할 수 있는 성격적 특성을 말한다. 기업의 채용 시험에서도 성실성을 중시하는 곳이 늘어나

[그림 5-5] 다섯 가지 성격의 특성

	경향	특징
외향성	흥미와 관심이 외부 세계를 향해 있음	적극성, 사교성, 밝음
친화성	균형을 잡고 협조적으로 행동을 함	배려, 친절, 헌신적
성실성	책임감 있고 근면하며 착실함	자기 규율, 양심, 신중함
신경증	쉽게 좌절하는 등 감정면 · 정서면에서 불안정함	스트레스, 불안, 충동적
개방성	지적 · 미적 · 문화적으로 새로운 경험에 개방적임	호기심, 심미안, 아이디어

고 있다.

성실성은 후천적으로 발달시킬 수 있는 능력으로도 알려져 있다. 성실성을 키울 수 있는 가장 쉬운 방법은 '성실성이 높은 사람 곁에 있는 것'이다.

봄~여름에 태어난 아이는 빠른년생에 비해 좋은 성과를 내는 사람(성실성이 높은 것으로 추정되는 사람들)과 함께 있는 시간이 많으므로 필연적으로 좋은 성과를 내는 데 도움이 되는 성격이 될 거라고 추측할 수 있다.

상관관계의 종류

이해가 되었는가?

'두 변량 사이에 상관관계가 있다'고 표현해도, 그 시점에는 '어떤 연관성이 있다'는 정도로밖에 설명이 안 된다. 상관관계에는 다음과 같은 여섯 가지 패턴이 있다.

① 변량 A가 변량 B의 직접적인 원인 : 인과관계

② 변량 B가 변량 A의 직접적인 원인 : 인과관계 역전

③ 변량 A와 변량 B가 서로 직접적인 원인 : 매출(변량 A)의 20%를 광고비(변량 B)로 사용하는 경우(매출이 늘어나면 광고비도 늘어나고, 광고비가 늘어나니까 매출이 더 늘어난다)

④ 변량 A가 변량 B의 간접적인 원인 : 바람이 분다(변량 A) → ~ (여러 가지 변수) ~ → 통장수가 돈을 번다(변량 B)*

바람이 불었을 때 통장수가 돈을 버는 확률은 0.8%라고 한다. 연관성이 있는 일들이 차례차례 이어진다고 해서 연관성이 강해지는 것은 아니다. 오히려 그 반대다.

⑤ 제3의 변수가 두 변량(변량 A, 변량 B)의 원인 : 연령(제3의 변수) → 몸무게(변량 A), 연령(제3의 변수) → 달리기 속도(변량 B)

⑥ 단순한 우연의 일치

- '목을 매고 자살하는 사람의 수'와 '미국의 과학·우주·테크놀로지에 지출하는 예산'
- '수영장에서 익사하는 사람의 수'와 '니콜라스 케이지가 출연한 영화 수'
- '미국인 1명당 치즈 소비량'과 '침대 시트에 감겨서 사망하는 사람의 수'

---

* '바람이 불면 통장수가 돈을 번다'는 일본 속담을 활용한 것이다. '바람이 분다 → 흙먼지가 인다 → 흙먼지가 눈에 들어가서 맹인이 되는 사람이 늘어난다 → 맹인은 주로 샤미센이라는 현악기를 연주해 생계를 이어가므로 샤미센의 수요가 늘어난다 → 샤미센에 쓰이는 고양이 가죽의 수요도 늘어난다 → 고양이의 개체 수가 줄어든다 → 쥐의 개체 수는 늘어난다 → 쥐가 통을 갉아먹는다 → 통의 수요가 늘어난다'는 흐름에 따른 이야기로, 한 변수가 의외의 변수에 영향을 끼치는 것을 비유한다.

'두 변량 사이에 상관관계가 있다'나 'A를 하면 B가 되는 것 같다'라는 말을 들으면, 위의 여섯 가지 중 어디에 해당하는지를 검증하도록 하자. 직접적인 인과관계가 있는 것은 의외로 적을 것이다.

'인과관계가 성립하는지'도 중요하지만, '그것을 통제할 수 있는가'라는 관점에서도 생각해볼 필요가 있다.

예를 들어, '××유전자가 있는 사람은 당뇨병에 걸리기 쉽다'는 사실을 알게 되었다고 하자. 하지만 그런 인과관계를 알았다고 한들 유전자처럼 자신이 통제할 수 없는 변수도 있다. 그런 경우에는 자신이 후천적으로 통제할 수 있는 부분에서 노력하는 수밖에 없다. 구체적으로는 '좋은 생활 습관 들이기' 등이 있다. 건강뿐만 아니라 어떤 방면에서든 자신이 바꿀 수 없는 것은 받아들이고, 통제할 수 있는 것은 좋은 쪽으로 바꾸어나가자.

제 6 장

밀크티는 홍차보다 우유를 먼저 넣어야 맛있다?

무작위 대조 시험

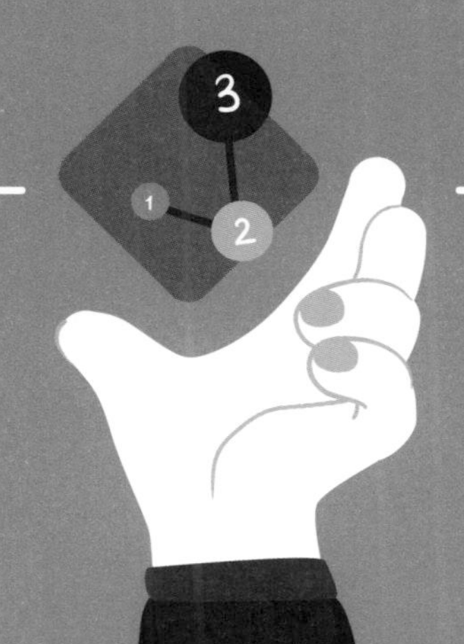

위드 코로나 시대와 통계 활용

2019년 말부터 코로나 바이러스(COVID-19)가 전세계적으로 유행하고 있다. 그러한 상황에서 검증되지 않은 정보가 쏟아져 나왔던 기억이 생생하다. '어떤 게 올바른 정보인지 모르겠다'는 고민을 해본 사람도 많을 것이다. 2011년 동일본대지진이 일어났을 때에도 후쿠시마 원전의 방사능 물질에 관련된 정보가 끊임없이 흘러나왔다. 나는 후쿠시마 현 출신이고 당시에도 후쿠시마에 살고 있었으므로 그때의 일을 선명하게 기억하고 있다.

'후쿠시마대학교의 ○○교수가 이야기한 것'이라는 거짓 정보가 트위터를 시작으로 널리 퍼져서 나를 포함한 많은 사람들이 잘못된 행동을 한 적도 있었다. 패닉에 빠지면 빠질수록 생각하는 힘은 줄어들고, '전문가', '숫자', '데이터'처럼 올바른 것 같은 인상을 주는 정보를 진실이라고 받아들인다. 더욱 걱정스러운 점은, 그런 정보를 퍼뜨리는 사람들은 그것이 잘못이라는 인식 없이 '이 정보를 모두에게 알려야 해!'라며 조건반사적으로 거짓 정보를 퍼뜨린다는 것이다.

코로나 바이러스가 맹위를 떨친 2020년 3월 초에도 동일본대지진 때와 비슷한 일이 일어났다. 감염 확산을 나타내는 '펜데믹'이라는 표현과 함께 '인포데믹(불확실한 정보가 대량으로 확산되는 상황)'이라는 말도 만들어졌다. 나는 '이런 상황에서 내가 할 수 있는 일을 하자'는 생각으로, 온라인 회의 시스템을 활용해 통계학 웹 세미나를 열었다. 갑작스럽게 수강생을 모집했지만, 국내외에서 200명에 가까운 사람들이 참가했다. 50만 엔 정도 모인 수강료는 클라우드 펀딩을 통해 코로나 바이러스 검사 키트를 개발하는 기업에 기부했다.

이러한 자선 활동을 하게 된 이유는 당시에 '○○연구소가 공개한 데이터에 따르면 일본에서 코로나 바이러스로 인한 사망자가 ○○만 명이 될 것으로 예측된다'는 정보가 각

종 SNS에서 공유되는 모습을 여러 번 발견했기 때문이다. '○○만 명? 이거 큰일이네!' 하는 마음으로 그러한 정보를 공유했을 거라고 생각하지만, 그런 식의 정보를 확산시키는 사람일수록 숫자의 의미를 제대로 이해하지 못하는 것처럼 보였다. 단순히 '사망자 수'라고 말하지만, 사망자 통계에는 '사인별 사망'과 '초과 사망'*이라는 두 가지의 집계 방법이 있는데, 그것을 구별하지 못하는 듯했다.

숫자 자체에는 의미가 없다. 숫자에 '위험하다', '괜찮다'고 의미를 붙이는 것은 인간이다. 내가 세미나를 열게 된 이유는, 숫자에 의미를 붙이기 전에 **'그 숫자가 어떤 계산을 통해 도출된 것인지 알 필요가 있다'**는 생각에서였다. 많은 수강생들 덕분에 세미나는 좋은 평가를 받았다. 코로나 바이러스의 유행을 계기로 '데이터를 올바르게 판단하는 법'을 알고 싶어 하는 사람들이 더욱 늘어나지 않을까 생각한다.

과거 200년의 역사를 되돌아보면, 전쟁이나 전염병을 계기로 세상이 격변을 맞이한 것은 이번이 처음이 아니다. 일

---

* 코로나 바이러스처럼 특이한 원인 때문에 통상 발생하던 수준을 크게 웃도는 사망이 발생한 경우를 가리킨다.

부 데이터에서 전체를 추정하는 '추측 통계학'은 현재에도 널리 쓰이고 있는데, 추측 통계학의 기초는 17세기 영국의 상인이 정립했다. 교회의 자료를 바탕으로 작성한 '사망통계표'에서 '36%의 아동이 6세가 되기 전에 사망한다'는 사실을 발견한 것이다.

당시에는 페스트라는 전염병이 널리 퍼져 있었다. 그 영국 상인은 아동의 사망률뿐만 아니라, 인간의 출생·결혼·사망 등 인구 동태에 나타나는 '수량적인 규칙성'을 밝혀 나갔다. 한정된 양의 표본을 통해 런던 전체의 상태를 파악할 수 있도록 한 것이다. 한 개인의 노력은 정부의 인정을 받았고, 그로써 통계학의 기초가 구축되기 시작했다.

한편 전쟁 중에 통계학을 보급하는 활동을 했던 사람이 있는데, 바로 그 유명한 나이팅게일(1820~1910)이다. 전시의 의료 현장에서 나이팅게일이 통계의 중요성을 알린 것을 계기로 '위생통계'라는 분야가 생겼고, 그와 관련된 서적은 지금까지도 간호사들의 바이블로 여겨진다.

'백의의 천사' 라는 별명 뒤에 숨겨진 얼굴

누구나 한 번쯤 '나이팅게일'이라는 이름을 들어봤을 텐데, 주로 '대단한 간호사'라는 이미지로 기억하고 있을 것이다. 1850년대 크림 전쟁에서 적군과 아군에 상관없이 헌신적으로 부상자를 돌보았기에 '백의의 천사'라고 불린 인물이기 때문이다. '마음이 따뜻하고 훌륭한 사람'이라는 인상이 강하기는 하지만, 나이팅게일의 위대함은 심성에서만 찾을 수 있는 것이 아니다. 실제로는 사망자가 처한 상황을 냉철하게 분석해 사망률을 크게 낮추는 데에 기여한 인물이기도 하다.

크림 전쟁이 발발하자 나이팅게일은 자원해 38명의 간호사를 이끌고 전장으로 향했다. 하지만 성차별이 심했던 당시에는 그들이 병원에 들어가는 것조차 허용되지 않았다. 자신의 의지로 전쟁터에 갔는데도 불구하고 그러한 취급을 받다니, 나라면 마음이 상해서 "수고하세요! 앞으로도 최선을 다해주시기 바랍니다! 응원하겠습니다!"라고 하며 집으로 돌아왔을 것이다. 하지만 나이팅게일과 간호사들은 그곳에 남아서 어느 부서에도 소속되지 않은 채, 전혀 관리가 되지 않던 병원 화장실에 주목했다. 그리고 병원 안에 들어가지 않아도 할 수 있는 화장실 청소부터 시작했다.

그 후에는 담당하는 부서가 없어서 사람 손이 닿지 않던 의류 세탁을 시작했다. 그러자 환자들은 깨끗한 옷을 입을 수 있게 되었고, 병원에서 입원 환자가 사망하는 일이 급격하게 줄어들었다. 나이팅게일과 간호사들은 병원의 강압적인 고위직에게 그러한 행동을 번번이 제지당했지만, 자신들이 할 수 있는 일을 하며 상황을 개선함으로써 병원 운영에도 조금씩 관여할 수 있게 되었다.

그들이 전쟁터에 처음 도착했을 때에 입원 환자의 사망률은 42%까지 상승했는데, 위생 상태가 개선됨에 따라 3개월 후에는 사망률이 5%까지 떨어졌다. 이는 굉장한 변화였다. 병원에서의 사망 대다수가 부상 때문이 아니라 병원 내의 비위생적인 환경(감염병이 만연한 상태) 때문이라는 것이다. 이는 나이팅게일과 간호사들이 밝혀낸 사실이다. 전투에서 목숨을 잃는 병사보다 비위생적인 환경에서 감염병 때문에 죽는 병사가 더 많았던 것이다.

애초에 사인별 사망수 등 필요한 통계조차 당시에는 제대로 파악되지 않아서, '전쟁에서 죽은 것은 전투 때문이니까 어쩔 수 없다'는 믿음이 있었던 것은 아닐까 생각한다. 그 후에 병원마다 기록해야 하는 통계의 기준이 정해졌고 의료 현장에서 널리 활용하게 되었다.

자세한 내용은 나이팅게일을 주축이 된 팀이 작성했던 「영국 육군의 보건·능률·병원 관리에 관한 각서」(1858)에 실려 있다. 나이팅게일이 증명한 이 중요한 사실은 이후에 간호 이론으로 확립되어서 현대 간호사라면 반드시 배워야 하는 내용이 되었다.

한편 지금도 널리 쓰이는 '그래프'처럼 숫자를 시각적인 그림으로 표현하는 것을 처음 시도한 사람도 나이팅게일이다.

숫자로만 설명하는 것이 아니라, 시각적으로 이해하기 쉬워 사람들에게 잘 받아들여졌을 것이다. '문자 외에 시각적으로 이해하기 쉬운 정보를 넣는다'는 것도 현대에는 프레젠테이션의 기본으로 알려져 있다. 하지만 컴퓨터가 없던 170년 전, 나이팅게일이 이미 그러한 원칙을 실천하고 있었다니 놀라운 일이다.

나이팅게일은 "통계가 활용되지 않는 것은 사람들이 활용하는 법을 모르기 때문"이라고 하면서 대학에서도 통계 전문가를 키워야 한다고 주장했지만, 아쉽게도 생전에는 그 꿈을 이루지 못했다. 근거를 바탕으로 한 실천(evidence-based practice, EBP)이라는 말이 지금은 널리 사용되고 있지만, 통계학을 세상에서 가장 적극적으로 활용한 인물이 나이팅게일이다. 그렇기 때문에 나이팅게일은 '통계학의 어머니'라고도 불리고 있다.

밀크티는 홍차보다 우유를 먼저 넣어야 맛있다?

현대 통계학에 큰 영향을 미친 인물이 한 명 더 있다.

1920년대 영국, 신사와 부인들이 모여 애프터눈 티를 즐기고 있을 때의 일이다. 그 자리에 있던 한 부인이 '홍차를 먼저 넣은 밀크티'와 '우유를 먼저 넣은 밀크티'는 맛이 전혀 다르기 때문에 정확하게 구분할 수 있다고 이야기했다.

많은 사람들이 '어차피 섞으면 다 똑같다'며 부인의 주장을 웃어넘겼다. 하지만 안경을 끼고 수염을 기른 신사 한 명이 부인의 이야기에 흥미를 보이면서 그 주장을 증명해보자고 제안했다. 이 신사가 현대 통계학의 아버지라 불리는 로널드 피셔(1890~1962)다(여담이지만, 통계학이나 확률의 역사를 거슬러 올라가면 이런 식으로 유머러스한 이야기를 진지하게 받아들이는 데에서 출발하는 경우가 많은 듯하다).

실험은 다음과 같이 진행되었다.

<밀크티 실험>

① '홍차 → 우유'의 순서로 만든 밀크티와 '우유 → 홍차'의 순서로 만든 밀크티를 총 8잔 준비한다

② 8잔의 밀크티를 무작위로 배열한다(밀크티를 만드는 모습, 테이블 위에 놓는 모습은 부인에게 보여주지 않는다)

③ 부인은 눈을 가린 상태에서 무작위로 배열된 8잔의 밀크티를 마셔보고 홍차를 먼저 넣은 것인지 우유를 먼저 넣은 것인지 구분한다

<결과>

부인은 8잔의 밀크티를 정확하게 구분해냈다. 자신의 주장이 옳았다는 것을 증명한 셈이다. 2003년 영국왕립화학회의 연구에 따르면, 고온의 홍차에 상온의 우유를 붓는지 상온의 우유에 고온의 홍차를 붓는지에 따라, 밀크티 분자의

상태에 차이가 생긴다는 사실이 밝혀졌다. 우유를 먼저 넣은 쪽이 우유의 단백질 변성이 적어서 더 맛있는 밀크티가 된다고 한다.

밀크티를 좋아하는 사람이라면 한번쯤 시도해보면 좋을 실험인데, 중요한 이야기는 여기서부터다. 피셔는 '홍차에 우유를 붓는지'와 '우유에 홍차를 붓는지'에 따라 맛에 차이가 생기고 그것을 구분해낼 수 있다는 주장을 증명하기 위해서, 다음과 같이 어떻게 조건을 설정해야 하는지 고민했다.

- 만든 방식이 다른 두 밀크티를 하나씩 순서대로 낼까?
- 만든 방식이 다른 두 밀크티를 동시에 낼까?
- 만든 방식이 다른 두 밀크티를 각각 균일하게 섞으려면 어떻게 해야 할까?
- 먼저 낸 밀크티가 조금이라도 식으면 맛이 달라지지 않을까?

이렇게 다양한 경우를 진지하게 고민해본 결과, '반복'과 '무작위 배열'이 필요하다는 사실을 깨달았다.

우선 피셔는 '이 부인에게 맛을 구분하는 능력이 없는 경우에 밀크티를 만든 방식을 맞힐 확률은 얼마인지' 생각했다. 맛을 구분하는 능력이 없다면 맞힐 확률과 맞히지 못할 확률은 1/2이다.

- 첫 번째 잔을 맞힐 확률 : 1/2
- 두 번째 잔도 맞힐 확률 : 1/2 × 1/2 = 1/4

이런 수준이라면 우연히 맞히는 게 가능할 수도 있을 것 같다.

하지만 계속해서 맞힐 확률을 따져보자.

세 번째 잔도 맞힐 확률 : $(1/2)^3$ = 12.5%

네 번째 잔도 맞힐 확률 : $(1/2)^4$ = 6.25%

다섯 번째 잔도 맞힐 확률 : $(1/2)^5$ = 3.125%

이 정도 수준이 된다면 더 이상 우연이라고 말할 수 없게 된다.

8잔 전부를 연속으로 맞힐 확률은 $(1/2)^8$ = 0.39%다.

0.39%라고 하면 우연히 맞혔다고 보기 어렵다. 즉, '부인의 혀는 굉장한 능력을 가지고 있다'고 말할 수 있는 것이다.

실제로 능력이 있는 경우에 맞힐 확률을 먼저 구하지 않고, 우연히 맞힐 확률부터 구하는 것은 통계학적 증명의 특징이다.

이렇듯 한 번의 실험으로 그치지 않고, 몇 번이고 되풀이하는 것을 '반복'이라고 한다.

하지만 반복만으로는 부족하다. 예를 들어, '첫 번째 : 우유 먼저' '두 번째 : 홍차 먼저' '세 번째 : 우유 먼저' '네 번째 : 홍차 먼저'……와 같이 배치한다면, 번갈아 배열된다는 규칙성이 생겨서 '이번 잔은 우유를 먼저 넣은 밀크티일지도 몰라'라는 선입견이 생길 수 있다. 밀크티 잔을 배치하는 사람도 '우유를 먼저 넣은 잔을 연속으로 두었으니까 이번에는 홍차를 먼저 넣은 잔을 놓아야지'라며, 무작위로 두려고는 하지만 어떤 규칙성을 가지게 되는 경우가 있다. 이상적인 조건은 배치하는 사람과 맛을 보는 사람이 모두 눈을 가리는 것이다. 이것을 '더블 블라인드 테스트(이중맹검사법)'라고 한다.

이와 같이 전혀 중요해 보이지 않는 밀크티 논쟁은 20세기 통계학에 큰 충격을 주었고, 특히 '무작위 배열'은 다양한 임상시험에서 빼놓을 수 없는 원칙이 되었다.

무언가의 치료 효과를 측정하고 싶을 때, 무작위로 두 집단으로 나누어서 치료 효과의 차이를 검증하는 방법을 '무작위 대조 시험(randomized controlled trial, RCT)'이라고 한다. 양질의 시험 방법이므로, 치료법이나 의약품의 임상시험 등에서 이용되고 있다. 소위 '대체 의학'이라고 불리는 것들은 무작위 대조 시험을 거치지 않았으므로 과학적으로는 효과가 검증되지 않은 치료법이다.

무작위 대조 시험은 의료 외에도 심리 실험, 국가 정책, 광고 효과 검증 등 다양한 분야에서 활용되고 있다. 비즈니스 업계에서는 'AB 테스트'라고 한다. 제임스쿡대학교의 무작위 대조 시험에 따르면, '반창고를 뗄 때에는 천천히 떼는 것보다 한 번에 떼는 것이 덜 아프다'고 한다. 정말 그런지 꼭 시험해보기 바란다.

'효과가 있다'는 말의 의미

'이 TV 광고는 매출을 올리는 데 효과가 있다'

'이 영양제는 체지방 감소에 효과가 있다'

'웃음에는 수명을 늘리는 효과가 있다'

이렇게 무언가의 효과를 주장하는 말들이 여기저기서 들려오는데, 이 '효과가 있다'는 말은 주의해서 들어야 한다. 요즘은 여러 기업에서 '효과가 있다'는 주장뿐만 아니라 데이터를 함께 제시해 그럴듯하게 보이도록 만들고 있으므로 더욱 주의가 필요하다.

'효과가 있다'는 말은 한마디로 표현하면 '차이'다. 예를 들어, 새로 개발한 고혈압 약의 효과를 검증해야 한다고 해 보자. 집단 A에는 그 약을 투여하고 집단 B에는 위약을 투여한다. 그후 집단 A와 집단 B를 같은 환경에서 두었을 때 집단 B보다 집단 A의 혈압 수치가 개선되었다면 '이 약에는 효과가 있다'고 말할 수 있다.

집단 A가 보인 효과와 집단 B가 보인 효과 차이의 크기를 '효과 크기'라고 한다. 제5장에서 다룬 '상관계수(r)'도 효과 크기 중 하나다. 통계학에서 '효과'라고 할 때는 '효과 크기'를 가리키는 경우가 많다. 효과 크기가 클수록 변화가 크다(약이 잘 듣는다)고 해석한다.

앞서 상관계수는 −1~1의 값을 가지고, 절댓값이 1에 가까울수록 '상관이 강하다(두 변수 사이에 강한 연관성이 있다)'고 설명했다. 새로 개발한 고혈압 약이 '효과가 있다'고 말하려면 혈압 수치가 얼마나 떨어졌는지뿐만 아니라 그 차이가 오차인지 아닌지도 고려해야 한다. 그것은 효과 크기와 얼마나 많은 피험자를 대상으로 실험했는지를 바탕으로 평가된다.

'과학적으로 효과가 증명된 치료법'이라는 말을 들었다면, 그것을 곧이곧대로 믿는 것이 아니라 어떤 실험이 이루어졌는지까지 확인하자. 만약 무작위 대조 시험을 거친 것이라면 그 말은 신빙성이 높은 정보라고 볼 수 있다.

앞으로도 우리가 예상치 못한 위험이 발생해 전 세계가 패닉에 빠지는 상황이 벌어질지도 모른다. 전쟁과 전염병을 극복해온 역사 속에는 통계학이 있었다. '과학적인', '전문가', '이론' 같은 말에 휘둘리지 않고, 불확실한 미래를 예측하고 진실을 분별해내기 위해서는 통계를 활용하는 능력을 키워야 한다.

제 7 장

감염병 검사와 감염률

추정

활용하기 편하고 유연한 '베이즈 통계학'

전통적인 통계학에는 '표본 크기가 어느 정도 확보되지 않으면 정확한 것은 이야기할 수 없다'는 엄격한 면이 있는데, 그것보다 활용하기 편하고 유연한 통계학도 존재한다. 바로 '베이즈 통계학'이다. 아주 단순하게 설명하자면, **'정답이 무엇인지는 아직 모르지만, 일단 임시로 결정을 내리고, 데이터를 추가하면서, 그때그때 답을 수정해 나가는 것'**이라고 할 수 있다.

이 베이즈 통계학은 빅데이터 시대의 구세주다. 예를 들어, 스팸 메일 자동 분류 기능, 검색어 자동 완성 기능, Windows의 도움말 지원, 인터넷 쇼핑몰의 고객 맞춤 추천 등 다양한 방면에서 응용되고 있다. 베이즈 통계학의 사고법을 활용해 시행하는 추정을 '베이즈 추정'이라고 한다.

베이즈 추정을 설명하기 위해서 아주 유명한 '베이즈 추정 모델'을 소개하겠다.

- 지금 눈앞에 처음 보는 사람(인물 X)이 있다
- 그 사람이 거짓말쟁이인지 정직한 사람인지 밝혀내고 싶다

처음 만난 사람이기 때문에 인물 X가 원래 어떤 사람인지는 모른다. '일단' 인물 X가 '거짓말쟁이일 확률'과 '정직한 사람일 확률'을 반반(1 : 1 = 0.5 : 0.5)으로 설정한다(그림7-1). 이렇게 사전에 정해지는 확률을 '사전 확률'이라고 한다. 사전 확률은 객관적인 데이터뿐만 아니라, 의사결정자의 경험에 따른 판단처럼 주관적인 것이어도 상관없다. 이번 예시에서 '거짓말쟁이일 확률'과 '정직한 사람일 확률'은 주관적으로 정해지는 것이므로 '주관 확률'이라고 한다. 이 지점에서부터 엄격한 통계학과는 거리가 멀어진다. 하지만 그래도 괜찮다. 이유는 나중에 설명하겠다. 이제 다음과 같은 데이터가 있다

[그림 7-1] 사전 확률 설정

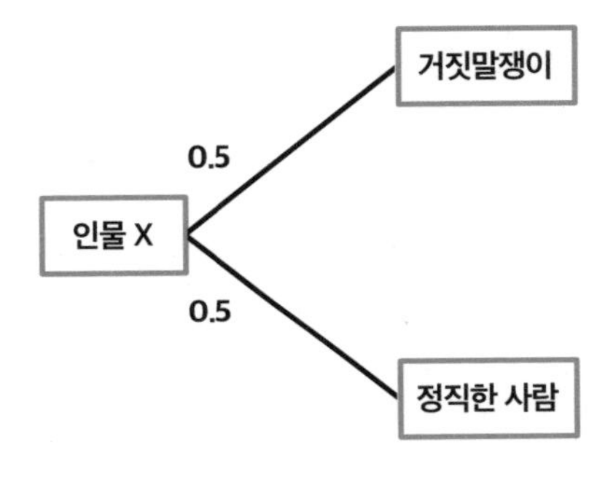

[그림 7-2] 조건부 확률 추가

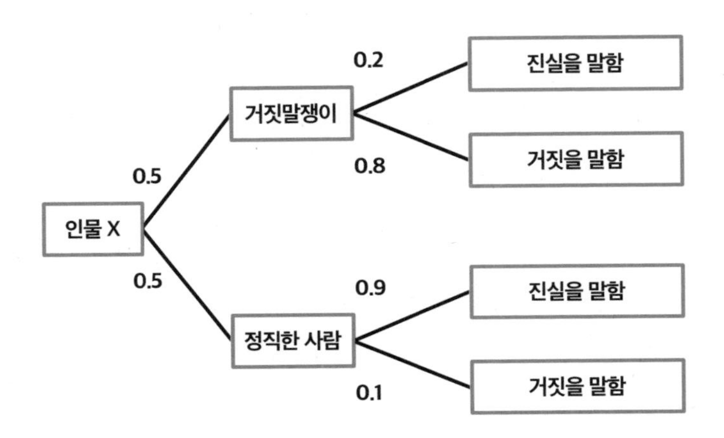

고 해보자(그림 7-2).

- 거짓말쟁이가 진실을 말할 확률은 0.2이고, 거짓을 말할 확률은 0.8이다
- 정직한 사람이 진실을 말할 확률은 0.9이고, 거짓을 말할 확률은 0.1이다

이것을 '조건부 확률'이라고 한다. 조건부 확률은 사전 설문 조사나 기존의 데이터를 바탕으로 미리 계산해둔다.

그런데 방금 인물 X가 '거짓말을 한 번 했다'는 정보를 입수했다고 하자(그림 7-3). 그러면 다음과 같은 두 가지 가능성이 존재한다.

① 인물 X가 거짓말쟁이고 거짓을 말했을 가능성
② 인물 X가 정직한 사람이고 거짓을 말했을 가능성

각 경우의 확률을 구해보자.

[그림 7-3] 인물 X가 거짓말을 한 번 했다

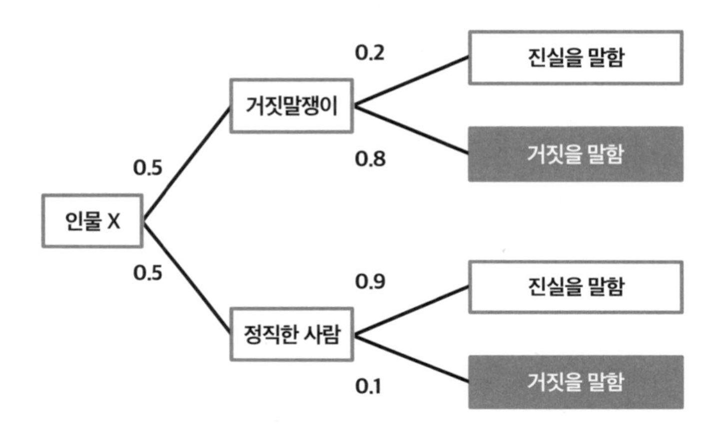

① 인물 X가 거짓말쟁이고 거짓을 말했을 가능성

→ 사전 확률 0.5 × 조건부 확률 0.8 = 0.4

② 인물 X가 정직한 사람이고 거짓을 말했을 가능성

→ 사전 확률 0.5 × 조건부 확률 0.1 = 0.05

① : ② = 0.4 : 0.05 = 8 : 1

거짓말쟁이 : 정직한 사람 = 8 : 1

이렇게 계산된다.

여기서 8 : 1은 엄밀하게 말하자면 확률이 아니라 '교차비(odds ratio)'라고 한다. '모든 확률은 더하면 1이 된다'는 것이 원칙이므로, 이 교차비(8 : 1)를 더해서 1이 되는 확률로 만들어보자.

거짓말쟁이 : 정직한 사람 = 8 : 1

= 8/9 : 1/9

= 0.888 : 0.111

≒ 0.9 : 0.1

거짓말쟁이 : 정직한 사람 = 0.9 : 0.1

이렇게 계산되므로, 아무 정보가 없는 상태에서는 인물 X가 거짓말쟁이일 확률이 50%였지만, 거짓말을 한 번 했다는 사실이 추가되면서 인물 X가 거짓말쟁이일 확률은 90%로 바뀌었다.

정보가 추가되면서 바뀐 확률을 '사후 확률'이라고 한다.

[그림 7-4] 인물 X가 거짓말을 한 번 더 했다

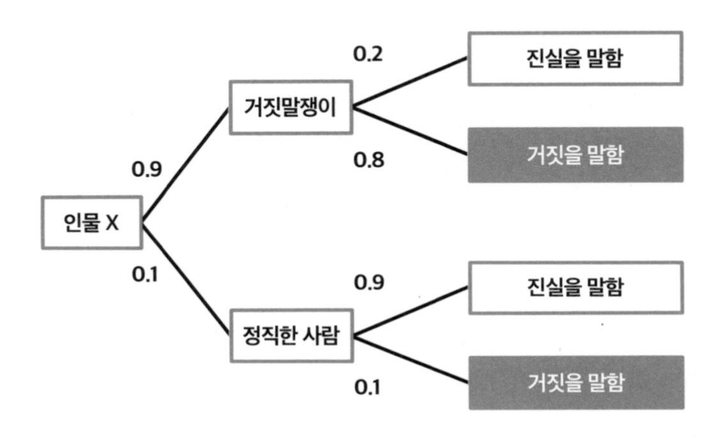

이와 같이 사전 확률에서 사후 확률로 바꾸어나가는 것을 '베이즈 갱신'이라고 한다.

여기서 인물 X가 거짓말을 한 번 더 했다고 해보자(그림 7-4).

그렇다면 베이즈 갱신 후의 사후 확률은 얼마가 될까?

거짓말쟁이 : 정직한 사람

= 0.9 × 0.8 : 0.1 × 0.1

≒ 0.99 : 0.01

이렇게 계산되면서 거짓말쟁이일 확률은 99%가 된다.

이렇듯 처음에는 주관적으로 확률을 설정했더라도, 관측 데이터를 하나씩 추가하면서 베이즈 갱신으로 사후 확률을 수정해 나가면, 결과적으로는 전통적인 통계학에서 구한 확률과 거의 비슷해진다.

베이즈 추정이 실무에서 활용하기에 편리한 이유는 바로 그러한 특징 때문이다. 전통적인 통계 분석에서는 한 번 모인 데이터를 해석해 결론을 내고, 데이터가 더 모이면 다시 해석하는 식으로, 노력과 시간을 많이 들여서 데이터를 분석했다.

하지만 베이즈 통계학의 경우에는 정보를 얻을 때마다 베이즈 갱신을 해서 바로 확률 계산을 하므로 전체 데이터를 다시 분석하는 수고를 덜 수 있다.

이것은 데이터를 분석하는 사람에게 매우 획기적인 방식이다. 빅데이터처럼 계속해서 늘어나는 데이터의 경우에는 인간이 직접 '데이터 수집 → 분석 → 모델 수정'을 실행하는 것이 현실적으로 불가능하다. 게다가 데이터를 너무 많이 보관해두면 서버가 폭발할 수도 있기 때문에 데이터 보관 측면에서도 베이즈 추정이 효율적이다. 왜냐하면 정보를 얻을 때마다 사후 확률이 계속 갱신되어, 이전에 사용한 개별 정보는 없어도 무방하기 때문이다.

정확도가 70%인 감염병 검사에서 양성이 나왔다면, 실제로 감염병에 걸렸을 확률이 70%일까?

문제를 내겠다.

세계적으로 어떤 감염병이 유행하고 있는데, 그 병의 감염률이 0.1%(0.001)라고 가정하자. 감염병에 걸렸는지 알아내는 간이 검사가 있는데, 감염병에 걸린 사람은 70%(0.70)의 확률로 양성 판정을 받는다고 한다. 한편 건강한 사람이 양성으로 잘못 판정되는 확률은 1%(0.01)이다. 만약 당신이 이 검사에서 양성 판정을 받았을 때 실제로 감염병에 걸렸을 확률은 얼마일까?

감염률이 0.1%(0.001)이므로, 당신의 감염 여부를 검사 전에 추정해보면 다음과 같다(그림 7-5).

당신은 감염병에 걸린 경우와 건강한 경우 중 한쪽에 속해 있는데, 아무런 관측 데이터가 없는 현재 시점에서 감염병에 걸렸을 확률은 0.001, 건강할 확률은 0.999로 추정된다. 이것이 사전 확률이다.

그런데 감염병 간이 검사를 받았더니 '양성'이 나왔다고 해보자(그림 7-6). 그 상황을 조금 더 이해하기 쉽게 표로 정리하면 [그림 7-7]과 같다.

[그림 7-5] 감염 여부의 사전 확률

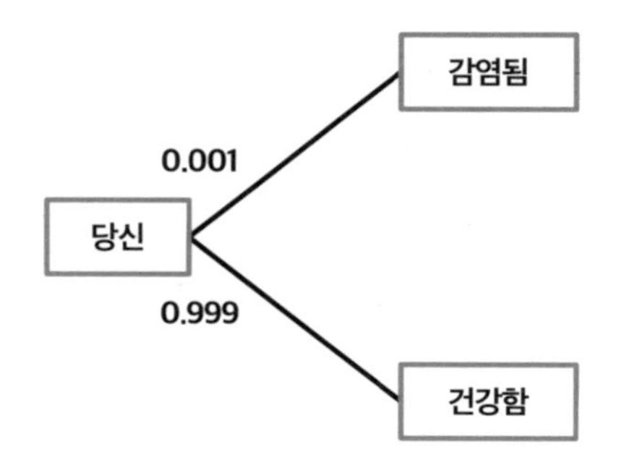

[그림 7-6] 조건부 확률 추가

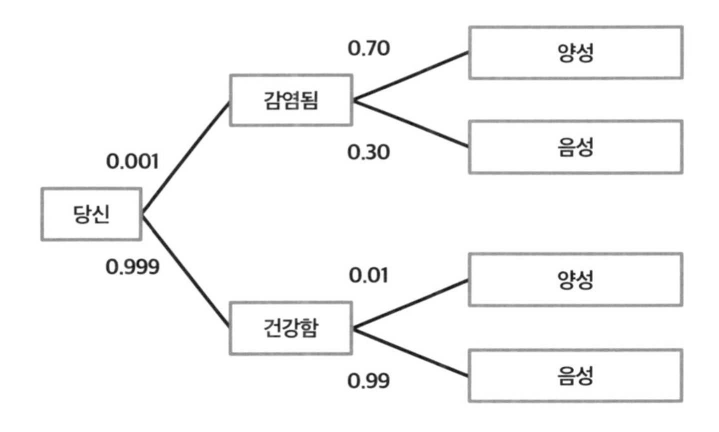

[그림 7-7] 네 가지 가능성

유형	양성일 확률	음성일 확률
감염됨	0.70(민감도)	0.30(위음성) 오진
건강함	0.01(위양성) 오진	0.99(특이도)

감염병에 걸린 사람의 경우에, 검사에서 양성 판정을 받을 확률은 70%(0.70)다. 이처럼 감염된 사람을 양성이라고 올바르게 판정하는 확률을 '민감도'라고 한다.

감염병에 걸렸지만 음성 판정을 받을 확률(오진 확률)은 1 - 0.70 = 0.30(30%)이다. 이것을 거짓 음성이라는 의미로 '위(僞)음성'이라고 한다.

감염병에 걸리지 않은 건강한 사람의 경우에, 검사에서 음성 판정을 받을 확률은 99%(0.99)다. 이처럼 감염되지 않은 사람을 음성이라고 올바르게 판정하는 확률을 '특이도'라고 한다. 감염병에 걸리지 않았지만 양성 판정을 받을 확률(오진 확률)은 1 - 0.99 = 0.01(1%)이다. 이것을 가짜 양성이라는 의미로 '위(僞)양성'이라고 한다. 이 네 가지가 조건부 확률이다.

[그림 7-7]을 통해 알 수 있는 사실은 간이 검사란 완벽한 것이 아니며 오진 위험이 있다는 점이다.

앞서 검사 결과가 '양성'으로 나왔다고 했으므로, 해당하지 않는 경우를 지워보자(그림 7-8).

그러면 다음과 같은 가능성이 남는다.

① 감염병에 걸렸는데 양성이 나온 경우

② 감염병에 걸리지 않았는데 양성이 나온 경우

그렇다면 각각의 확률을 구해보자.

① 감염병에 걸렸는데 양성이 나온 경우

→ 사전 확률 0.001 × 조건부확률 0.70 = 0.00070

② 감염병에 걸리지 않았는데 양성이 나온 경우

→ 사전 확률 0.999 × 조건부확률 0.01 = 0.00999

[그림 7-8] 검사 결과가 양성인 경우

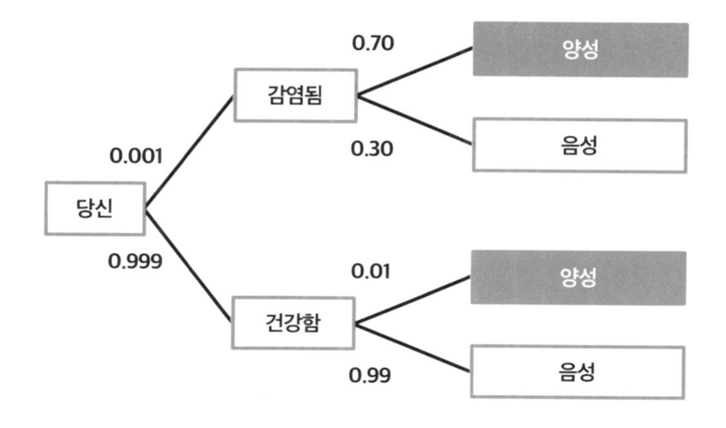

①：② = 0.00070 : 0.00999 = 0.070% : 0.999%

이렇게 계산된다.

모든 확률은 더하면 1이 되므로, 0.070 + 0.999 = 1.069로 비의 양측을 나누자.

$$= \frac{0.070}{(0.070+0.999)} : \frac{0.999}{(0.070+0.999)}$$

$$= \frac{0.070}{1.069} : \frac{0.999}{1.069}$$

= 0.0655 : 0.9345

(0.0655 + 0.9345 = 1)

따라서 다음과 같이 정리할 수 있다.

① 감염병에 걸렸는데 양성이 나올 확률 : ② 감염병에 걸리지 않았는데 양성이 나올 확률

= 0.0655 : 0.9345

결국, 당신이 양성이라는 검사 결과를 받았을 때 실제로 감염병에 걸렸을 확률은 약 6.5%인 것이다.

이것이 바로 '베이즈 사후 확률'이다.

결국 '정확도가 70%인 감염병 검사에서 양성이 나왔다면, 실제로 감염병에 걸렸을 확률이 70%일까?'라는 질문에 대한 답은 '그렇지 않다'이다.

이렇듯 사전 데이터와 관측 데이터를 바탕으로 추정해나가는 것을 베이즈 추정이라 한다.

베이즈 추정은 인간의 사고 회로와 비슷하다. 예를 들어, 당신이 어떤 분실물을 주웠는데, 그 물건의 주인일 가능성이 있는 사람으로 A와 B가 있다고 해보자. 만약 A가 물건을 잘 잃어버리는 사람이라면 '이건 A가 잃어버린 물건일 거야'라

고 판단할 것이다. A나 B가 분실물의 주인일 확률을 '평소에 물건을 잘 잃어버리는 사람은 누군가'라는 과거 관측 데이터를 바탕으로 추정하기 때문이다.

무언가를 하겠다고 마음먹고 실제로 해나가다 보면, '내가 예상한 것과는 좀 다르네. 하지만 이미 주변 사람들에게 이걸 하겠다고 말해놓았고 처음으로 되돌아갈 수도 없으니까 계속 밀고 나가는 수밖에 없겠어' 같은 생각이 드는 순간이 있다.

'지금은 정답이 무엇인지 모르지만, 임시로 결정을 내리고, 실제로 시도해보고, 방향을 수정하고, 현시점에서 확률이 높은 쪽을 선택한다'는 베이즈 사고법은, 불확실한 세상에서 어떻게 가설을 세우고 검증을 해나가야 하는지에 대한 힌트를 준다.

자신이 생각한 것, 말한 것을 나중에 철회하는 것은 통계학적으로도 올바른 일이다.

제 8 장

우산을 안 들고 나온 날에는 꼭 비가 온다?

의사결정 편향

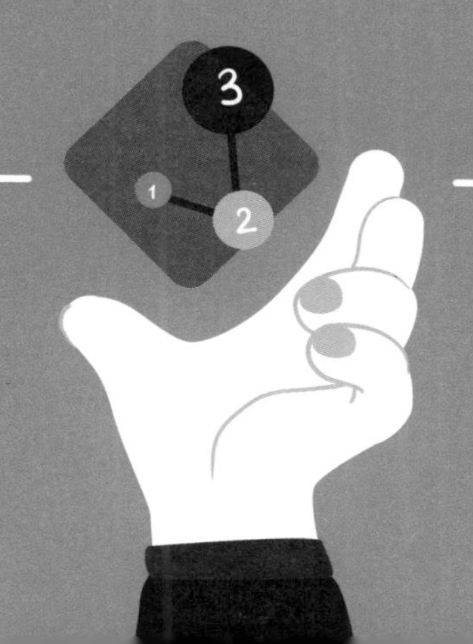

도박에 중독되는 원리

'스키너 상자 실험'에 대해 들어본 적이 있는가?

이 실험은 지렛대를 누르면 먹이가 나오는 '스키너 상자'에서 이루어진다. 쥐는 지렛대를 누르면 먹이가 나온다는 것을 알아차리고 지렛대를 눌러서 먹이를 얻는다. 먹고 싶은 만큼 먹이를 얻고 나면 그 장치에 흥미를 잃는다. 그러다 배가 고파지면 다시 지렛대 쪽으로 향한다. 하지만 어느 순간 지렛대를 눌러도 더 이상 먹이가 나오지 않으면 쥐는 그 장치에 아예 흥미를 잃어버린다.

한편 지렛대를 눌렀을 때 먹이가 가끔 나오도록 설정해두면, 쥐는 오직 지렛대 누르기에만 몰두하게 된다. 그러다 먹이가 나오는 확률을 서서히 낮춘다. 지렛대를 누르는 것보다 다른 곳에서 먹이를 찾는 편이 나을 정도로 먹이가 나오는 확률이 현저히 줄어들어도, 쥐는 아랑곳하지 않고 계속 지렛대를 누른다.

결국 먹이가 나오는 확률을 조정함으로써 쥐가 하루 종일 미친 듯이 지렛대만 누르게 만들 수도 있다는 이야기다.

사실 이 실험은 파친코 중독이나 스마트폰 게임에 고액을 과금하는 사람에 대한 비유이기도 하다. '중독'이란 비정상적으로 과도하게 무언가에 열중해 생활에 지장을 주는 것을 말한다. '무언가에 열중한다'는 행위 자체는 나쁜 것이 아니며, 잘만 활용하면 학업이나 업무의 생산성을 향상시키는 데 도움이 된다. 이제부터 인간이 비정상적으로 무언가에 열중하게 되는 원리에 대해 알아보자.

스키너 상자 실험은 미국의 심리학자이자 행동과학자인 스키너(1904~1990)가 시행한 것이다. 스키너 상자는 상하좌우가 벽으로 둘러싸여서 탈출할 수 없는 상자로, 안에는 지렛대가 달려 있다. 쥐가 그 지렛대를 누르면 먹이가 나오도록

[그림 8-1] 스키너 상자

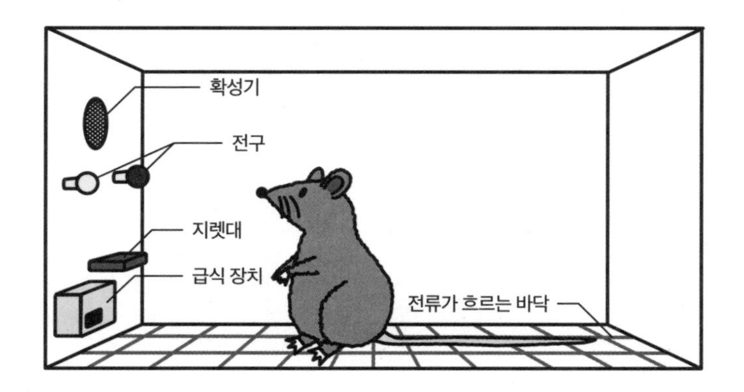

되어 있는데, 말하자면 급식 장치가 달린 상자인 셈이다(그림 8-1).

스키너 상자 실험은 다음과 같이 진행된다.

① 공복 상태의 쥐를 스키너 상자에 넣는다
② 스키너 상자에는 누르면 먹이가 나오는 지렛대가 있다
③ 상자 안에 들어가게 된 쥐는 자유롭게 돌아다니느라 지렛대를 누르지 않다가 우연히 지렛대를 누르게 되고 그때 먹이가 나온다

④ '쥐가 우연히 지렛대를 누른다 → 먹이가 나온다'가 반복된다

⑤ 쥐는 자신이 원할 때 지렛대를 눌러서 먹이가 나오게 만든다

이 실험의 핵심은 쥐가 초반에는 지렛대를 누르면 먹이가 나온다는 사실을 모르지만, 몇 번의 우연이 반복되면서 '지렛대를 누르면 먹이가 나온다'는 것을 학습해 스스로 지렛대를 누르는 것이다.

이러한 자발적인 반응(행동)을 '조작적 반응(조작적 행동)'이라고 한다. 또한 행동 직후에 먹이(보상)를 주어서 그 행동이 다시 발생할 확률이 높아지도록 만드는 것을 '강화'라고 한다.

연속 강화와 부분 강화

쥐가 지렛대를 눌렀을 때(조작적 반응) 먹이가 나오는 조작을 강화라고 하는데, 강화는 크게 '연속 강화'와 '부분 강화'로 나뉜다. 연속 강화는 쥐가 지렛대를 누를 때마다 먹이가 나오는 조작을 말한다. 한편 부분 강화는 쥐가 지렛대를 누를 때마다 먹이가 매번 나오는 것이 아니라 무작위로 나오는 조작을 말한다.

스키너 상자 실험 결과, 쥐가 지렛대를 누르면 먹이가 나온다는 것을 학습한 후에 지렛대를 눌러도 먹이가 나오지 않도록 조작하면, 쥐가 지렛대를 누르는 행동은 점차 사라진다는 것을 알 수 있었다.

하지만 여기서부터가 중요하다. 부분 강화를 통해 조작적 반응을 학습한 쥐는 강화를 중단해도 조작적 반응을 계속했다.

즉, 지렛대를 누르면 먹이가 무작위로 나온다는 것을 학습한 쥐는, 먹이가 아예 나오지 않게 되어도 지렛대를 계속 눌렀다.

스키너는 스키너 상자 실험으로만 유명한 것이 아니라, 그 실험 결과를 바탕으로 '행동분석학'이라는 학문 체계를 창시한 것으로 알려져 있다. 행동분석학은 의료, 비즈니스, 스포츠, 가정 등 다양한 현장에서 큰 성과를 보이고 있는 학문이다. 그중에서도 '응용행동분석'이라는 분야는 도박 중독을 포함한 정신적인 질병을 이해하는 데에도 활용되고 있다.

도박이라고 하면 쉽게 떠올릴 수 있는 것이 파친코다. 파친코 기계는 종류가 다양한데, 기계마다 1/99, 1/399 등으로 당첨 확률이 설정되어 있다. 1/99로 당첨 확률이 설정되었다는 말은 '99번 도전하면 반드시 한 번은 당첨된다'는 뜻이 아니다. 도전할 때마다 '1/99의 당첨 확률로 추첨을 한다'는 뜻이다. 이러한 경우를 확률에서는 '독립 사건'이라고 한다. 각 시행(추첨)은 완전히 독립된 것으로, 이전의 사건에 영향을 받지 않는다는 뜻이다.

예를 들어, 흰 공 98개와 빨간 공(당첨) 1개가 들어 있는 상자가 있다고 하자(1/99의 확률로 당첨). 독립 사건이란 한 사람이 그 상자에서 공을 꺼낸 후에 그 공을 다시 상자에 넣고, 다음 사람도 99개의 공 중에서 하나를 꺼내는 것이라고 이해하면 된다. 그 조건에서는 공을 꺼내는 모든 사람들이 1/99의 당첨 확률로 추첨을 한다.

한편 공을 꺼낸 사람이 그 공을 다시 상자에 넣지 않은 상태로 추첨을 계속하는 경우, 마지막에 공이 하나 남을 때까지 빨간 공이 나오지 않았다면, 그 마지막 공이 100% 당첨이라는 것을 알 수 있다.

이렇게 사건 A(당첨)가 일어났는지 일어나지 않았는지가 사건 B(다음 사람이 당첨됨)에 영향을 줄 때, 사건 B는 사건 A의 '종속 사건'이라고 한다. 첫 번째 사람은 당첨 확률이 1/99인 추첨을 한다. 그때 당첨이 되지 않으면 다음 사람은 당첨 확률이 1/98인 추첨을 하는 것이고, 마지막 1개가 남을 때까지 당첨이 나오지 않으면 99번째 사람은 당첨 확률이 1/1(100%)

인 추첨을 하게 된다. 이런 식으로 n번째 추첨자의 당첨 확률은 n - 1번째까지의 관측 결과에 영향을 받는다.

여기서 핵심은 스키너 상자 실험을 통해서도 밝혀졌듯이, 인간은 종속 사건보다 독립 사건에 매력을 느낀다는 것이다. 이러한 관점에서 보면 파친코는 독립 사건 게임이다.

스키너는 '미신'이 만들어지는 원리에 대해서도 언급했다. 예를 들어, 공복 상태인 쥐를 스키너 상자에 넣고, 쥐가 어떤 행동을 하는지에 상관없이 15초에 한 번씩 먹이가 나오게 하면, 쥐들은 먹이가 나오기 직전에 고개를 들어올리거나 상자 안을 한 바퀴 도는 등 특이한 행동을 했다. 1948년에 이 현상을 관찰한 스키너는, 쥐들은 그러한 행동을 해야 먹이가 나온다고 믿는 것처럼 보였다고 하면서, 그러한 믿음은 인간에게 미신이나 징크스가 만들어지는 것과 같은 원리로 형성된 것이라고 보았다.

미신은 착각적 상관

미신은 개인이나 집단의 우연적인 경험에서 시작되기도 한다. 처음에 어떤 행동을 했더니 결과적으로 일이 잘 풀렸거나 재해를 피했던 경험이 계기가 되는 것이다.

'기우제'는 세계 각지에서 다양한 형태로 이루어지는데, 그러한 의식도 이와 비슷한 과정을 거쳐서 성립되었을 것이다. 가뭄이 계속되면 과거에 비가 오기 직전에 일어났던 일들을 떠올려보고 그것을 재현하다가, 마침내 비가 오면 '이 행동을 해야 비가 온다'며 기우제로 자리잡는 것이다. 스키너 상자의 쥐가 먹이를 얻기 위해 보이는 특이한 행동과 비슷하다.

기우제를 지냈을 때 효과가 없으면 다른 제사장을 불러서 기우제를 지낸다. 그러한 시도는 비가 내릴 때까지 계속되므로, 기우제를 지내다 보면 언젠가는 비가 온다. 그러면 날씨는 인간이 통제할 수 없는 것인데도 불구하고, '저 사람이 기우제를 지내면 효과가 있다'는 믿음이 생긴다.

'기우제를 지내면 비가 온다'와 같이, 원래 관련이 없는 두 가지 사건을 연결지어서 생각하는 것을 '착각적 상관'이라고 한다. 착각적 상관이 일어나는 이유는 인간이 무언가를 기억하는 원리에서 찾을 수 있다. 인간은 모든 일을 비슷한 수준으로 기억하는 것이 아니라, 평소와 다른 일이나 강렬한 감정을 불러일으키는 일을 더욱 강하게 기억한다.

비가 오지 않아서 걱정이다, 도움이 필요하다

(공포, 불안 같은 강렬한 강점)

↓

제사장이 기우제를 지낸다

↓

비가 온다

('다행이다!' '살았다!' 같은 강렬한 강점)

자신이 어려움에 처했을 때 누군가에게 도움을 받게 되면, 그것이 우연히 일어난 일이라 하더라도 그 사람을 강하게 기억한다. 극적인 사건일수록 과대평가하기 쉬운 것이다. 또한, 복권을 우연히 냉장고에 넣어두었는데 당첨되었다면, '이번에는 복권을 냉장고에 넣어두었지!'라는 생각부터 들듯이, 성공이나 실패의 원인을 찾을 때에는 평소와 다른 행동이나 사건을 떠올린다. 그리고 복권 당첨과 그 사건을 인과관계로 연결 지으면서 '복권을 냉장고에 넣어두면 당첨된다'는 터무니없는 미신이 완성되는 것이다.

하지만 '복권을 냉장고에 넣어두면 당첨된다'는 것을 과학적으로 증명하려면 개인의 경험만으로는 부족하고 통계학적인 증거가 뒷받침되어야 한다. 평소와 같이 행동하는 경우도 함께 고려해 무엇이 복권 당첨이라는 사건에 영향을 주었는지(또는 영향을 주지 않았는지) 따져봐야 한다.

- 복권을 냉장고에 넣어둠 × 복권 당첨
- 복권을 냉장고에 넣어둠 × 복권 낙첨
- 복권을 냉장고에 넣어두지 않음 × 복권 당첨
- 복권을 냉장고에 넣어두지 않음 × 복권 낙첨

이 네 가지 패턴을 모두 검증하지 않으면 진짜 관계성을 알 수 없다. 하지만 인간의 기억에는 '복권을 냉장고에 넣어 둠'과 '복권 당첨'만 강렬하게 남으므로, 이 두 가지를 인과관계로 연결 짓고 만다. 즉, **인간은 본능적으로 과학적이지 않은 존재**다.

자신도 얼마든지 착각적 상관을 일으킬 수 있고, 다른 사람의 착각적 상관을 바로잡는 데에는 큰 노력이 필요하다는 사실을 명심하기 바란다.

우산을 안 들고 나온 날에는 꼭 비가 온다?

'우산을 안 들고 나온 날에는 꼭 비가 온다'는 말도 착각적 상관의 대표적인 예다. '비를 맞는다'는 경험에는 강렬한 감정이 따르기 때문에 '우산을 안 들고 나오다 → 비가 오는 경우가 많다'며 잘못 연결 짓는다.

'행운의 돌을 샀더니 복권에 당첨되었다!' '점쟁이가 시키는 대로 했더니 교통사고가 났는데도 많이 다치지 않았다!'고 해석하는 것도 착각적 상관의 예다. 점쟁이나 행운의 돌을 부정하려는 게 아니라, '자신이 통제할 수 없는 일에 시간이나 돈을 쓰는 것은 합리적이지 않다'는 이야기를 하고 싶은 것이다.

가끔 '점도 통계학이라고 하던데 사실인가요?'라는 질문을 받아서 당황스러울 때가 있다. 굳이 따져보자면 '점쟁이가 말한 대로 따라간다'고 보는 편이 더 말이 된다.

예를 들어, 점쟁이에게서 "스물다섯 살이 되는 해에 회사에서 만난 사람이 운명의 짝입니다. 아주 괜찮은 사람이지요"라는 말을 들었다고 해보자. 그러면 그 말이 기억 속에 남아 있다가 누군가와 마주쳤을 때 '아, 이 사람이 운명의 짝일지도 몰라' 하고 생각하게 된다. 만약 점쟁이에게 그런 말을 듣지 않았다면 같은 상황에서 '운명의 짝은 언제쯤 나타날까?' 하고 전혀 다른 생각을 할지도 모른다.

즉, 점쟁이가 과거의 통계 데이터를 바탕으로 사람의 미래를 예측하는 것이라기보다, 예언을 함으로써 그 말대로 이루어지도록 상대방의 기억 속에 단서를 심어두는 것일 수도 있다.

믿음의 힘, '플라시보 효과'

평범한 물일 뿐인데도 '암을 고치는 마법의 물'이라고 믿으면 실제로 암이 낫기도 하는 것이 인간이다. 이것을 '플라시보 효과'라고 한다. 신약을 개발할 때에는 플라시보 효과를 제외하고 검증해야 한다. 그렇게 하지 않으면 어떤 약이든 '효과가 있다고 믿으면 효과가 있는 약'이 된다.

바꾸어 말하면, 위약마저도 실제로 효과가 있을 정도로, 인간의 믿음이 가진 힘은 의외로 무시하기 어려운 수준이다.

그토록 강력한 믿음을 좋은 방향으로 활용할 수 있도록 에든버러대학교 스티브 로넌 교수의 연구를 소개하겠다.

<실험>

① 피험자에게 컴퓨터를 이용해 질문에 답하도록 지시한다

② A와 B의 정답률을 비교한다

A : 질문이 나오기 전에 답을 잠깐 보여준다(피험자가 거의 인식하지 못할 정도로 빠르게 나오며 오답이다)

B : 질문만 나온다

이때 정답률은 A 〉 B이다.

<해석>

'나는 답을 알고 있다' '나는 정답을 말할 수 있다'는 믿음이 정답을 찾는 능력을 향상시킨다는 것을 알 수 있다.

'하면 된다'는 믿음이 포기하지 않고 문제를 해결하는 힘을 키워준다. 심리학에서는 '하면 된다'는 느낌을 '자기효능감'이라고 한다. 자기효능감이 높은 사람은 업무에서도 성과를 낼 수 있다.

기업 중에는 '높은 자기효능감'을 채용 기준으로 삼는 곳도 있다. 자기효능감을 평가하는 지표로서 '과거에 성공한

경험의 수'를 사용하기도 한다. 채용 과정 중에 지원자들에게 '성공 경험이 많은지' 질문해 확인하는 것이다.

'원래부터 능력이 뛰어나서 성공을 경험할 수 있었던 것 아닌가' 하는 생각이 들 수도 있으나, 텍사스대학교를 주축으로 시행된 연구에 따르면 '능력이 뛰어나고 자신감이 있는 사람'과 '능력은 뛰어나지만 자신감은 없는 사람'을 비교했을 때 가구당 연 수입이 1000만 엔 정도 차이가 났다고 한다.

타고난 능력은 바꿀 수 없으니 자신에게 주어진 패를 가지고 승부하는 수밖에 없다. 그러니 자신의 노력으로 바꿀 수 있는 것에 집중하자. 그러한 의미에서 자기효능감은 작은 성공 경험을 많이 쌓음으로써 향상시킬 수 있다. 당연한 말이지만, 성공 경험이 많으면 자신감이 붙는다. 그러한 자신감이 '나는 노력하면 해낼 수 있는 사람'이라는 생각을 하게 해준다.

그렇다고 해서 '성공 경험을 늘리자'는 말이 '실패해서는 안 된다'는 의미는 아니다. 오히려 실패는 많이 하는 편이 좋다. 실패에 대한 불안을 해소하는 가장 좋은 방법은 실제로 실패해본 후에 '걱정한 것만큼 힘들지는 않다'는 사실을 직접 경험해보는 것이다. 그러면 실패가 그렇게까지 두렵지 않아서 새로운 일에 도전할 수 있게 된다. 오해를 막기 위해 덧붙이자면, '경험을 많이 할수록 실력도 저절로 는다'는 안일한 입장이 아니니다. 어떤 일을 시작하려고 할 때 '잘해야겠다'고 생각하면 두려워지는 법이니, '이걸 해보면 어떻게 될까?'라며 실험을 해본다는 마음가짐으로 시도해보기를 권한다.

일본 최대 규모의 온라인 살롱*을 운영하고 있는 연예인 니시노 아키히로는 '진짜 실패는 경험에서 데이터를 얻지 못하는 것'이라고 했다. 나 역시 이 말에 깊이 동의한다. 과거에 잘 풀리던 일이 앞으로도 잘 풀릴 것이라고 단언할 수 없다. 전례를 찾을 수 없고 앞길을 예측할 수도 없는 상황에서는 큰 피해를 입지 않을 정도로 작은 일부터 시도해보자. 그리고 경험을 통해 얻은 데이터를 검토해보자. 그러면서 어느 방향으로 가야 할지, 어떤 행동을 해야 할지 점점 명확하게 그려보자. 이런 방식은 가설 검증에 있어서 기본 중에 기본이다. '자신감은 가지는 것이 아니라 키우는 것'이라는 점을 기억하기 바란다.

---

* 온라인상에서 관심사를 공유하는 유료 회원제 커뮤니티로, 전문적인 지식이나 경험을 가진 사람이나 집단이 주체가 되어 운영된다

인간은 자신이 보고 싶은 대로 세상을 바라본다

인간이 세상을 바라볼 때 쓰고 있는 색안경을 '패러다임' 또는 '프레임'이라고 한다. 인간은 세상을 있는 그대로 보는 것이 아니라, 자신의 색안경을 통해서 본다. 색안경의 종류는 다양한데 그중에서 안 좋은 결과를 초래하는 색안경을 '인지 왜곡' 또는 '인지 편향'이라고 한다. 인지 왜곡은 잘못된 판단을 하게 만드는 것, 기억을 왜곡하는 것, 인간관계를 망치는 것 등 확인된 것만 해도 170가지 이상이다.

하지만 앞서 다룬 '플라시보 효과'처럼 좋은 결과를 초래하는 색안경도 있다. 중요한 것은 색안경을 벗고 세상을 있는 그대로 바라보는 것이 아니라(그것은 불가능하다), 안 좋은 결과를 초래하는 색안경이 무엇인지 알고 정정하는 것이다. 이는 통계학을 의사결정을 위한 도구로 사용할 때에 반드시 기억해야 하는 사실이다. 이제부터 안 좋은 결과를 초래하는 색안경의 예를 들어보겠다.

돈을 지불하고 보는 영화라도 재미가 없으면 바로 그만두자

2000엔을 내고 영화를 보러 갔다고 해보자. '뭐야, 너무 지루하잖아!'라는 생각이 들었을 때 당신이라면 어떻게 행동하겠는가? 지루하다고 생각하면서도 참고 보거나, 그 자리에 앉아서 조는 사람이 대부분일 것이다.

그런 선택은 '돈(비용)을 냈으니까 본전을 찾아야지'라는 심리가 작용한 결과다. 자신이 돈을 들인 것일수록 집착하게 되는 '매몰 비용 편향'이 작동하기 때문이다. 하지만 경제적인 성공을 이룬 사람은 그렇게 생각하지 않는다. 아무리 돈을 썼더라도 '지루하다', '볼 가치가 없다'는 생각이 들면 가능한 한 빨리 자리를 벗어나 다른 일에 시간을 쓴다.

주식 투자의 세계에서는 손해가 날 때 '상황이 금방 나아질 것'이라고 믿으며 계속 보유하면 더욱 큰 손해를 보게 된다. 그러한 상황을 피하기 위해서 어느 정도 손해를 본 시점에서 보유한 자산을 매도하는데 이를 '손절'이라고 한다.

참고로 비용에는 돈뿐만 아니라 시간이나 노력도 포함된다. '제물을 바침으로써 큰 대가를 치렀으니 비가 온 것이다'라고 생각하는 것과 마찬가지로, '이만큼 시간을 들였으니까 잘될 것이다', '그 정도로 노력해왔으니까 성공할 것이다'라는 마음도 인지 편향 때문에 생기는 것인지도 모른다. 도박의 경우에도, 계속 잃을수록 '조금이라도 돈을 되찾고 싶다'는 심리가 작용해 돈을 더욱 쏟아붓는 악순환에 빠진다.

내가 당하기 싫은 일은 남에게도 하지 않는다는 거짓말

인간의 심리적인 버릇 중 하나로 '투사'라는 것이 있다. 어렸을 때, 부모님이나 선생님에게 "네가 당했을 때 싫은 행동은 다른 사람들도 싫어 하니까 하면 안 돼"라고 들어본 적이 있을 것이다. 하지만 그것은 절반은 맞고 절반은 틀린 말이다. 어릴 때에는 본능에 따라서 행동하고 느끼기 때문에, 본질적으로 '내가 좋아하는 것은 남들도 좋아하고, 내가 싫어하는 것은 남들도 싫어하는' 단순한 세계에서 산다.

하지만 어른이 되면 이성이 발달하기 시작한다. 좋고 싫음이라는 감정은 '본능'에 '과거의 경험'이라는 요소가 추가되어 결정된다. 즉, 어른이 된 후의 감정은 사람마다 그때까지

살아온 경험이 다른 만큼 다양해지는 것이다. 그것이 흔히 말하는 '가치관'의 차이를 낳는다.

하지만 어른이 되고 나서도 '내가 좋아하는 건 남들도 좋아할 게 분명해'라며 무의식적으로 믿는 것이 투사다. 이 사실을 인식하지 않으면 '이렇게 하는 게 맞아' '당연하잖아?' '왜 모르는 거야'라며 인간관계에서 충돌이 일어난다.

이렇듯 자신의 가치관을 타인에게 투사하는 경우는 일반적으로 잘 알려져 있는데, 그와 달리 현재 자신의 가치관을 미래의 자신에게 투사하는 경우도 있다.

배가 부를 때
장을 봐야 하는 이유

통계학을 이용하는 목적 중 하나는 미래를 예측하는 것인데, 공교롭게도 인간의 치명적인 약점 중 하나가 미래를 예측하는 일에 약하다(투사 편향)는 것이다. 투사 편향이란 쉽게 말해 '지금의 상태가 미래에도 계속될 것'이라는 믿음이다. 한마디로 지금 자신의 느낌과 생각을 미래의 자신에게 투사하는 것이다.

예를 들어, 배가 고플 때에 장을 보러 갔다가 다 못 먹을 정도로 식재료를 사본 경험이 한 번쯤은 있을 것이다.

현재 : 배가 고프다

↓

미래 : 아무리 먹어도 지금처럼 계속 배가 고플 것이다

이렇게 생각하는 것은 투사 편향이 작동했기 때문이다. 따라서 되도록 배가 부른 상태일 때에 장을 보는 것이 좋고, 술집에서 안주를 주문할 때도 한꺼번에 여러 가지를 주문하기보다 조금씩 나누어서 주문하는 것이 좋다.

우리는 이러한 인지 왜곡에 사로잡혀서 무의식적으로 좋지 않은 결과를 발생시킬 때가 있다.

누구나 다양한 색안경을 통해서 세상을 바라본다. 그리고 숫자나 데이터는 거짓말을 하지 않는다. 그러니 숫자나 데이터를 보고 있는 자신이 색안경을 끼고 있는 것은 아닌지 잠시 멈추어 서서 돌아보는 시간을 가지기 바란다.

제 9 장

돈이 모이지 않는 진짜 이유

전망 이론

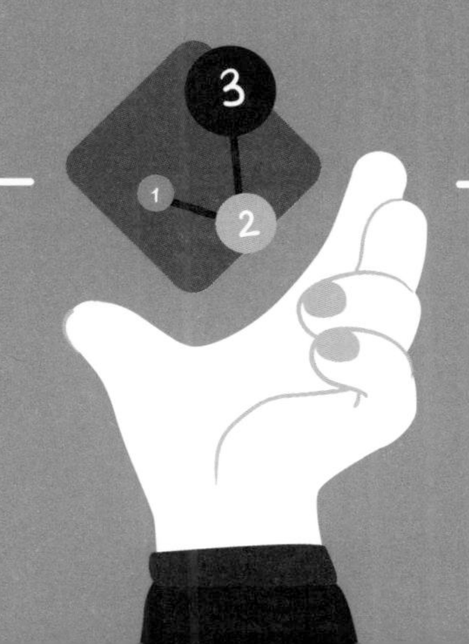

인간은 객관적인 숫자가 아니라 심리적 임팩트를 바탕으로 판단한다

조금 갑작스럽지만, 다음 질문에 직관적으로 대답해보자.

<질문 1> 다음 중 어느 것을 고르겠는가?

A : 90만 엔을 받을 수 있는 확률이 100%인 제비뽑기

B : 100만 엔을 받을 수 있는 확률이 90%인 제비뽑기

<질문 2> 다음 중 어느 것을 고르겠는가?

A : 90만 엔을 잃을 확률이 100%인 제비뽑기

B : 100만 엔을 잃을 확률이 90%인 제비뽑기

'직관적으로 대답해보자'고 했지만, 어느 쪽을 고르는 것이 수학적으로 타당한 선택인지부터 검증해보겠다.

객관적인 타당성은 제2장에서 다룬 '기댓값'으로 계산할 수 있다. 기댓값이란 '한 번 제비를 뽑았을 때 받을 수 있는 금액의 평균값'이다. 이 값이 높은 쪽을 고르면 된다.

기댓값은 다음과 같이 계산해 구할 수 있다.

받을 수 있는 금액 × 그 금액을 받을 확률(의 합계)

그렇다면 실제로 계산해보자.

<질문 1>

A의 기댓값 = 90만 엔 × 1(100%) = 90만 엔

B의 기댓값 = 100만 엔 × 0.9(90%) = 90만 엔

<결과>

A와 B의 기댓값은 같다(즉, 수학적 타당도는 같다)

<질문 2>

A의 기댓값 = −90만 엔 × 1(100%) = −90만 엔

B의 기댓값 = −100만 엔 × 0.9(90%) = −90만 엔

<결과>

A와 B의 기댓값은 같다(즉, 수학적 타당도는 같다)

각 제비뽑기의 기댓값이 같고 응답자를 무작위로 선정한 것이라면, 질문에 대한 답변은 개인의 선호에 따라 갈릴 것이다. 따라서 A와 B를 선택하는 사람이 거의 반반으로 나뉘어야 한다. 하지만 〈질문 1〉에서는 A를 고른 사람이 많았고, 〈질문 2〉에서는 B를 고른 사람이 많았다. 여기서 '선택에 대한 선호'가 한쪽으로 편향되어 있다는 사실을 알 수 있다.

'받을 수 있다'고 하면 확실한 쪽(확률 100%)을 고르지만, '잃는다'고 하면 위험을 무릅쓰는 쪽(100%가 아님)을 택하는 사람이 많다. 이것을 '전망 이론'이라고 한다.

전망 이론은 미국의 심리학자 대니얼 카너먼과 아모스 트버스키가 1979년에 발표한 이론이다. 대니얼 카너먼은 경제학의 수학 모델에 인간의 심리학적인 행동 모델을 도입한 '행

동경제학'의 창시자로서, 2002년 노벨경제학상을 받았다. 전망 이론은 고전적인 이론이지만 지금까지도 행동경제학이나 소비자 행동 분야에서 공통적으로 배우는 이론 중 하나다.

그럼 예제를 살펴보자.

<질문 1> 다음 중 어느 쪽을 고르겠는가?

선택지 A : 무조건 100만 엔을 받는다

선택지 B : 동전을 던져서 앞면이 나오면 200만 엔을 받고, 뒷면이 나오면 아무것도 받지 못한다

<질문 2> 당신은 빚이 200만 엔 있다. 다음 중 어느 쪽을 고르겠는가?

선택지 A : 무조건 빚이 100만 엔 감면되어서 총 빚이 100만 엔이 된다

선택지 B : 동전을 던져서 앞면이 나오면 빚을 전부 감면받고, 뒷면이 나오면 빚은 그대로다

이것은 전망 이론을 증명하기 위해 시행된 대니얼 카너먼

의 '동전 실험'이다.

〈질문 1〉에서는 두 선택지 모두 손에 들어올 금액의 기댓값은 100만 엔이다. 하지만 선택지 A를 고르는 사람이 압도적으로 많았다.

〈질문 2〉도 두 선택지 모두 기댓값은 −100만 엔으로 같다. 하지만 선택지 B를 고르는 사람이 많았다.

이 실험의 흥미로운 점은 그뿐만이 아니다. 언뜻 생각해보면, 〈질문 1〉에서 선택지 A(돈을 확실히 받을 수 있는 선택지)를 고른 사람이 〈질문 2〉에서도 선택지 A(빚이 확실하게 줄어드는 선택

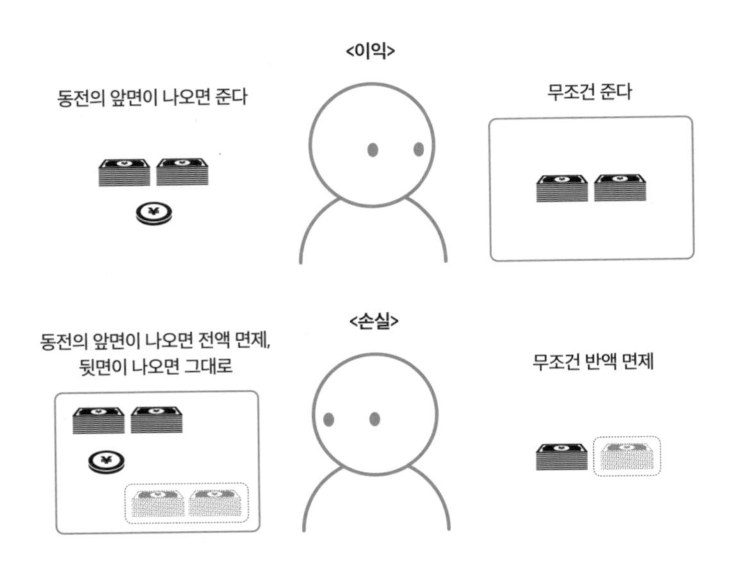

지)를 고를 것이라고 예상할 수 있다. 하지만 〈질문 1〉에서 선택지 A를 고른 사람들 중 대부분이 〈질문 2〉에서는 도박성이 짙은 선택지 B를 택했다.

이 실험에서는 객관적인 수치인 기댓값이 같은 상황이라도, '손실'을 인식하는 방식에 따라서 선택이 달라지는지를 검증했다. 〈질문 1〉에서는 '50% 확률로 아무것도 얻지 못한다'는 손실을 회피하면서, '100% 확률로 확실하게 100만 엔을 손에 넣는다'를 선택한 것으로 보인다. 〈질문 2〉에서는 '100% 확률로 확실하게 절반만 감면된다'는 손실을 회피하면서, '50% 확률로 전액을 감면받는다'를 선택한 것으로 보인다.

실험 결과가 의미하는 바는 '인간은 눈앞에 이익을 제시하면 이익을 얻지 못한다는 손실을 회피하는 것을 우선으로 하고, 눈앞에 손실을 제시하면 손실 그 자체를 회피하려고 하는 경향이 있다'는 것이다. 이것을 심리학에서는 '손실 회피 편향'이라고 한다. 바꾸어 말하면, '인간은 이득을 얻는 것보다 손해를 보지 않는 것을 우선시한다'고 할 수 있다. 따라서 누군가를 설득하고 싶다면 '그렇게 하는 게 이득이야'보다 '그렇게 하지 않으면 손해를 볼 거야'라는 식으로 표현하는 쪽이 더 효과적이다.

다음 두 가지 상황에서 전망 이론을 응용한다면 어느 쪽을 선택하는 것이 좋을지 생각해보자.

<질문 1> 정가가 100만 엔인 상품을 할인하는 이벤트를 시행하려고 한다. 다음 중 어떤 이벤트가 좋을까?

이벤트 A : 정가 100만 엔을 무조건 반값 할인해 50만 엔에 판매한다

이벤트 B : 정가 100만 엔을 50% 확률로 전액 할인해 판매한다

<질문 2> 대출 원금이 100만 엔 정도 남아 있는 사람을 대상으로 원금 감면 이벤트를 시행하려고 한다. 다음 중 어떤 이벤트가 좋을까?

이벤트 A : 대출 원금 100만 엔을 무조건 50% 감면해주어

변제액이 50만 엔이 되도록 한다

이벤트 B : 대출 원금 100만 엔을 50% 확률로 전액 감면
해준다(채무 소멸)

<정답>

〈질문 1〉 이벤트 A

〈질문 2〉 이벤트 B

실제로는 AB 테스트를 해보지 않으면 어느 쪽이 효과적인지 알 수 없다. 개인의 속성에 따라서 반응률이 달라지기도 하기 때문이다.*

* 제6장의 무작위 대조 시험의 하나로, 사용자에게 두 가지 이상의 선택지(A안, B안 등)를 보여준 후 선호도를 조사하는 방법이다.

금액이 커질수록 감각은 마비된다

전망 이론에서는 '금액의 크기와 주관적으로 느끼는 가치는 일치하지 않는다. 금액이 2배가 된다고 주관적으로 느끼는 가치도 2배가 되는 것이 아니라 2배 이하(약 1.6배)가 된다'고 한다. '금액의 절댓값이 커질수록 감각은 둔감해진다'는 것이다. 사려는 물건이 고액일수록 금전 감각이 마비된다.

[그림 9-1]은 인간이 돈과 관련된 의사결정을 할 때 머릿속에서 어떤 계산이 일어나는지를 도식화한 것이다. 그래프에 그려진 S자 곡선을 '가치 함수'라고 한다. 중학교 수학 수업 시간에 일차함수, 이차함수 같은 개념은 배웠을 것이다.

'함수'란 수치의 변환 장치다. 이 장치에 어떤 수치를 넣으면 다른 수치로 변환해준다.

가치 함수란 '객관적인 수치(금액)를 인간의 주관적인 수치(가치)로 변환하는 장치'라고 이해하기 바란다. 이 가치 함수를 바탕으로 '이 금액은 이득인가 아닌가'를 판단하는 것이다. 만약 합리적인 선택을 한다면 객관적인 수치(금액)와 주관적인 수치(가치)가 일치할 것이다. 하지만 인간은 늘 객관적이고 합리적인 선택을 하는 것이 아니며, 굳이 나누자면 주관적인 가치 감각에 기대어 '별 생각 없이' 결정을 내리는 쪽에 가깝다.

인간은 객관적인 수치를 있는 그대로 받아들이지 않는다. '금액'이라는 객관적인 정보를 가치 함수라는 변환 장치에 넣어서 심리적인 임팩트(주관적 수치)로 변환한 후에 자신에게 이득인지를 판단한다. [그림 9-1]에서 가로축은 금액이고 세로축은 가치다. 우리는 가로축이 아닌 세로축을 기준으로 판단을 내린다.

소비자는 자신이 객관적인 수치인 금액이 아니라 주관적인 가치를 바탕으로 판단을 내린다는 점을 인지하지 않으면

[그림 9-1] 받을 수 있는 금액이 배로 늘어났을 때의 기분 변화

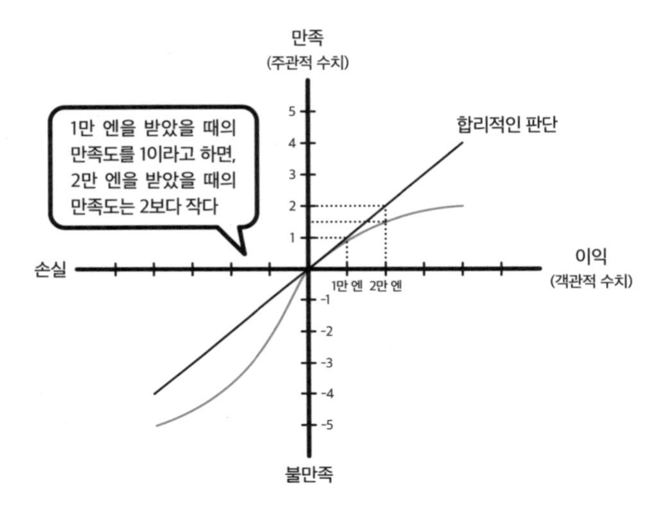

[그림 9-2] 같은 금액을 받았을 때와 잃었을 때의 기분 비교

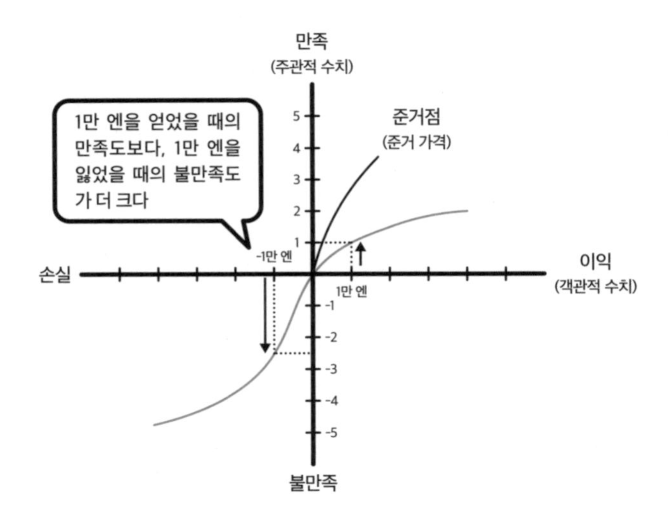

'어쩌다 보니 돈이 없는 상태'가 되기 쉽다.

한편 마케팅에서 중요한 것은 금액이라는 객관적인 지표를 조작하는 것이 아니라 인간이 실제로 느끼는 가치인 주관적인 지표를 조작하는 것이다. '비싸니까 안 팔리는 것이다. 가격을 내리자'는 안일한 생각은 객관적인 지표를 조작하는 것일 뿐이므로 그다지 좋은 선택이라고 할 수 없다. 금액은 그대로 두고 '어떻게 해야 소비자에게 이득인 것처럼 보여줄 수 있을까'를 고민하는 편이 낫다.

전망 이론은 일상의 다양한 방면에서 겉으로 드러나지 않은 채 존재하고 있다. 앞서 다루었던 '이득을 보기보다 손실을 회피하고 싶어 한다'는 손실 회피 경향도 가치 함수로 설명할 수 있다.

1만 엔을 받았을 때(이득)의 기쁨(주관적인 수치)이 1이라고 하면, 1만 엔을 잃었을 때의 슬픔(주관적인 수치)은 -2배 이상이 된다(그림 9-2). 여기서 가로축과 세로축이 만나는 곳을 '준거 가격' 또는 '준거점'이라고 한다. 그것을 설명하기 위해서 다시 한번 대니얼 카너먼의 실험을 소개하겠다.

<실험 1>

상황 : 재킷(125달러)과 전자계산기(15달러)를 사려고 한다

A : 지금 있는 매장에서 재킷(125달러)과 전자계산기(15달러)를 산다

B : 자전거로 20분 거리에 있는 매장에 가서 전자계산기를 10달러에 산다

→ B를 선택하는 사람이 68%

<실험 2>

상황 : 재킷(125달러)과 전자계산기(15달러)를 사려고 한다

A : 지금 있는 매장에서 재킷(125달러)과 전자계산기(15달러)를 산다

C : 자전거로 20분 거리에 있는 매장에 가서 재킷을 120달러에 산다

→ C를 고르는 사람은 29%

이 실험이 의미하는 바는, 총액이 140달러에서 5달러 저렴해지는 상황은 〈실험 1〉, 〈실험 2〉가 모두 같지만, B와 C 중에서는 다음과 같이 할인율이 큰 B가 더욱 매력적으로 보인다

(즉, 일부러 자전거를 타고 20분이나 갈 만하다고 생각한다)는 것이다.

B : 15달러 → 10달러, 33% 할인

C : 125달러 → 120달러, 4% 할인

B의 경우에 준거 가격(기준이 되는 가격)은 15달러이고, 그 가격에서부터 변한 크기(할인율)는 33%다. C의 경우에는 준거 가격(기준이 되는 가격)은 125달러이고, 그 가격에서부터 변한 크기(할인율)는 4%다. 두 경우 모두 할인되는 금액은 −5달러로 같지만, 할인율을 바탕으로 B가 '이득'이라고 판단하는 것이다.

예를 들어, 100만 엔짜리 자동차를 살 때는 1만 엔 할인이 그렇게까지 기쁘지 않지만, 마트에서 쇼핑을 할 때는 수십 엔에서 수백 엔을 저렴하게 사는 것만으로도 기쁘다. 그렇지만 사실은 비싼 물건을 살 때일수록 깎을 수 있는 만큼 깎는 게 이득이다.

소비자 입장에서 생각해보자면, '50% 할인'이라는 문구에 이끌려서 그다지 필요하지도 않은 물건을 카트에 담는 것이 아니라, '그래서 얼마나 할인이 되는가'라는 금액의 절댓값을 고려해 구입 여부를 판단하는 편이 낫다.

가격이 비싸다는 느낌이나 싸다는 느낌은 준거 가격을 기준으로 결정된다. 경우에 따라서는 정가가 얼마인지가 그다지 중요하지 않다. 예를 들어, 정가 200엔짜리 도넛을 100엔에 살 수 있는 '도넛 100엔 세일' 행사를 자주 하면, 세일로 이득을 본다는 기분은 점점 사라지고, 정가 200엔이 아니라 할인가 100엔이 준거 가격이 되기도 한다. 그러면 정가로 팔고 있는 도넛이 비싸게 느껴져서 정가에는 팔리지 않는 사태가 벌어지기도 한다. 편의점에서 하는 '주먹밥 100엔 세일'도 변칙적으로 시행하기 때문에 이득을 보는 듯한 느낌이 드는 것이다.

지금까지 설명한 전망 이론의 핵심 세 가지를 정리하면 다음과 같다.

① 금액(객관적인 수치)에 대한 심리적인 임팩트(주관적인 수치)는 그 금액을 얻을 때와 잃을 때 모두 금액의 절댓값이 커질수록 둔감해진다

② 돈을 1만큼 얻었을 때의 기쁨(주관적인 수치)이 1이라고 하면, 돈을 1만큼 잃었을 때의 슬픔(주관적인 수치)은 2배 이상이 된다

③ '이득'이라는 느낌은 금액의 절댓값(얼마나 저렴해졌는가)이 아니라 준거 가격에서 변한 비율(할인율)로 결정된다

전망 이론을 활용한 '심리 회계'

대부분의 회사에서는 급여와 보너스를 따로 지급하는 한편, 소득세는 급여에서 공제하는 경우가 많다. '급여와 보너스를 동시에 받는다고 해도 받는 금액이 달라지는 건 아니니까 상관없지 않나' 하고 생각하는 사람도 있을 것이다. '받을 것(급여)과 받을 것(보너스)', '받을 것(급여)과 잃을 것(소득세)'처럼 여러 이익과 손실이 얽혀 있는 경우에 '인간이 느끼는 가치가 가장 크도록 지급 방법이나 징수 방법을 최적화하는 것'을 '심리 회계'라고 한다. 그리고 최적화된 방법들은 전망 이론으로 모두 설명할 수 있다.

예를 들어, 다음과 같은 문제는 전망 이론을 활용해 답을 찾을 수 있다.*

① 급여와 보너스를 각각 지급하는 것이 좋은가, 함께 지급하는 것이 좋은가
② 소득세와 주민세는 각각 징수하는 것이 좋은가, 함께 징수하는 것이 좋은가
③ 소득세는 급여에서 공제하는 것이 좋은가, 나중에 따로 징수하는 것이 좋은가
④ 상품을 할인해주는 경우에 그 자리에서 바로 할인(현금 할인)해주는 것이 좋은가, 나중에 현금을 돌려주는 것이 좋은가

이렇게 일상에서 접할 수 있는 다양한 문제에 대한 최적의 답을 전망 이론을 통해 도출해낼 수 있다. 위의 예시 외에도 전망 이론은 여러 상황에서 활용되고 있다. 우리가 명심

* [그림 9-1]의 '가치 함수'를 이용하면 받는 사람이 더욱 이득이라고 생각하는 것이 어느 쪽인지 알 수 있다. ①은 급여와 보너스를 각각 지급하는 쪽, ②는 소득세와 주민세를 함께 징수하는 쪽, ③ 소득세를 급여에서 공제하는 쪽, ④는 그 자리에서 바로 현금 할인을 해주는 쪽이다.

해야 하는 것은 고액의 상품일수록 둔감해진다는 사실이다. 자동차나 비싼 물건은 턱턱 사면서 매일매일 식비를 아끼기 위해 반값 세일 상품을 찾는 사람들을 많이 봐왔다. 작은 데에서 절약하려고 노력하는 것도 좋지만, 가능한 한 금액이 큰 곳에서 절약할 수 있는 방법을 찾는 편이 낫다.

제 10 장

앞서가는 사람들의 미래 예측

확률 분포

인간과 AI, 누가 승리할 것인가?

주식회사 히타치 제작소의 데이터 연구팀은 마케팅 전문가와 자사에서 만든 AI인 '히타치 AI 테크놀로지/H'(이하 H)를 경쟁시켜서 어느 쪽이 매출을 늘릴 수 있는지를 실험해보았다.

그 실험에서는 한 생활용품 전문점의 직원들에게 H를 나누어주고, 매장을 방문한 고객들 중 무작위로 선정해 H를 장착해달라고 부탁했다. H를 통한 데이터 수집은 10일 동안 계속되었다. 그 후 H가 수집한 데이터와 계산대의 구매 기록을 대조해, 직원과 고객이 어떤 상황일 때 객단가가 높아지는지 알아보았다.

H는 10일 동안 모은 방대한 데이터로부터 무려 6000개나

되는 요소를 자동으로 추출해 그것과 매출 사이의 상관관계를 확인했다. AI를 조작하는 기술자(인간)는 매출 향상에 대한 가설을 세우거나 일반적인 시장 예측을 반영하지 않았다. 오로지 기계적으로, 10일 동안 점포 안에서 모은 데이터를 분석하도록 H에게 지시했다.

한편 마케팅 전문가는 직원들의 이야기를 듣거나 자신이 알고 있는 시장 지식을 활용해 고객 단가를 높일 방법을 고민했다. 그 결과 '수도용품이나 LED 조명 등 주력 상품을 정해서 팝업 광고판을 세우자'는 대책을 내어놓았다. 그에 비하면 H가 제시한 개선안은 놀랄 만한 것이었다. 바로 '점포 안의 특정 장소에 직원을 배치하라'는 것이었다.

결과는 명백했다. 마케팅 전문가의 대책은 매출에 거의 영향을 끼치지 못했다. 하지만 H의 분석에 따라 특정한 장소에 직원이 머무는 시간을 1.7배 늘렸더니 점포 전체의 객단가가 무려 15%나 상승했다.

매장 입구의 정면에 있는 통로의 맨 끝에서 직원들이 머무는 시간을 10초 늘렸더니 그때 매장에 있던 고객들의 구입 금액이 평균 145엔이나 증가한 것이다.

H의 개선안이 매출 상승으로 이어질 수 있었던 것은, 직

[그림 10-1] 인공지능 'H'가 제시한 개선안을 따른 결과

특정 위치에 직원이 없을 때의 고객 동선

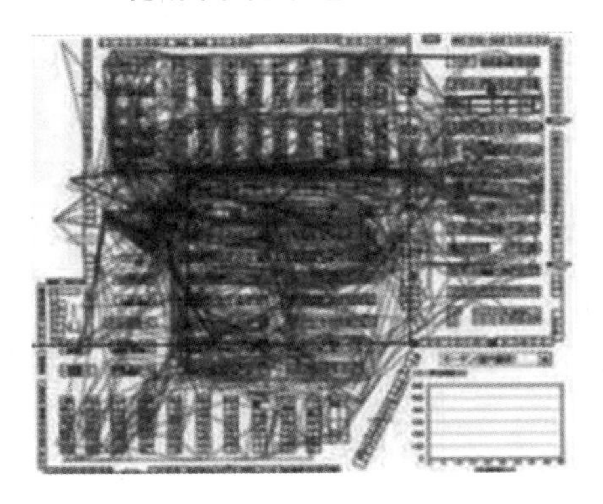

특정 위치(삼각형)에 직원이 있을 때의 고객 동선

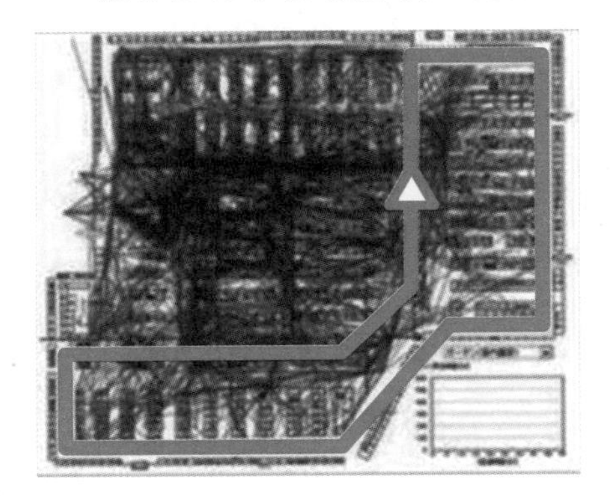

두 그림 중 위쪽은 지금까지의 매장 모습이고, 아래쪽은 인공지능 'H'가 제시한 개선안을 시행한 결과다. 특정 위치에 직원을 배치함으로써 고객이 매장의 구석구석(테두리 친 부분)을 돌아다니게 되었다는 것을 알 수 있다.

주식회사 히타치 제작소에서 제공

원이 특정 위치에 오래 머무른 결과, 접객 시간이 늘어나고 접객 시 신체 활동(보디랭귀지 등)도 활발해졌기 때문이다. 주목해야 하는 점은 '한 고객과의 접객 시간과 그 고객의 구입 금액 사이에 직접적인 관련은 없다'는 사실이다. 직원이 고객과 이야기를 나누는 상황이 늘어나면 그 모습을 본 주변 고객들도 매장 내에서 더욱 활발하게 움직였고 머무는 시간도 늘어났다. 또한 사람이 많이 다니지 않던 고가 상품의 선반 주변으로도 고객들이 가게 되어서 구입 금액이 늘어난다는 효과가 확인되었다. 이로써 직원들을 배치한 것이 매장 내에 활력을 불러일으키고 매출 상승으로 이어졌다는 사실을 알게 되었다(그림 10-1).

데이터를 해석하지 못하는 사람들

유니버셜 스튜디오 재팬(USJ)의 V자 회복을 이루어낸 모리오카 쓰요시는 숫자를 잘 활용하는 것으로 유명한 마케터다. USJ로부터 경영 위기를 벗어나게 해달라는 요청을 받은 모리오카는 '사람들은 왜 테마파크에 가는가?'라는 질문에 '답이 무엇인지는 모르지만 답을 찾는 법은 알고 있다'라고 대답했다.

모리오카의 '답을 찾는 법'이란 히타치 연구소의 실험과 마찬가지로, '우선 고객 데이터를 모아서 분석해본다'는 방법이었다. 그 결과 테마파크에 가는 고객들의 속성과 관련 있는 요소로, '테스토스테론의 분비량'이 있다는 사실을 알아냈다. 테스토스테론이란 남성 호르몬의 일종으로, 테스토스테론이 많이 분비되면 활발하고 자극적인 것을 추구하는 경향이 있다. 여성 고객을 대상으로 한 놀이기구가 많았던 USJ는 대대적인 변화를 꾀하며 뒤로 가는 롤러코스터, 핼러윈 퍼레이드, 해리포터 위저딩 월드 등 자극적인 놀이기구와 이벤트를 차례차례 내놓았고 V자 회복을 이루어냈다.

만약 다른 마케터에게 의견을 물었다면 'USJ는 젊은 여성 고객이 많으니까 그 사람들이 좋아할 만한 놀이기구와 기념품을 개발하자'는 방향으로 나아갔을지도 모른다.

개인용 작업복 전문점을 운영하는 주식회사 워크맨은 2011년부터 10분기 연속으로 매출과 수익이 증가했다. 워크맨이 좋은 실적을 기록할 수 있었던 이유 중 하나로 '전직원 엑셀 경영'이라는 방침을 들 수 있다. '현장에서 일하는 직원이라도 누구나 데이터에 접근할 수 있고, 데이터를 보면서 가설을 세우고 검증해나간다'는 것이다. 워크맨의 데이터 분석을 총괄하는 쓰치야 데쓰오 전무는 "고도의 데이터 분석 기술이나 AI까지는 없어도 된다. 그런 것보다는 데이터를 바탕으로 가설을 세우고 현장에서 실험할 수 있는 능력이 더욱 중요하다"고 했다.

나도 그 생각에 동의한다. '이제부터 데이터의 시대니까'라면서 고가의 시스템을 도입했으나, '실무에서 능숙하게 사용하지 못하니까 결국에는 엑셀로 관리한다'는 회사들이 많은 것으로 알고 있다. 노스웨스턴대학교에서 '전략적인 데이터 드리븐 마케팅'을 가르치는 마크 제프리 교수의 연구팀이 포춘지가 선정한 1000대 기업을 대상으로 실시한 조사에 따르면, '새로운 기술의 도입이 기업의 실적에 직접적으로 영향을 준다고 볼 수 없다'는 결과가 나왔다. 실제로 기업의 실적에 영향을 주는 것은 '조직의 능력'이었다. '숫자로 대화할 수 있고 데이터를 바탕으로 개선해 나갈 수 있는 조직이 강하다'는 것이다.

'숫자로 대화한다'는 것의 의미

숫자로 대화할 줄 아는 사람은 다음 중 어떤 식으로 자신의 주장을 이야기할까?

A : 이 방법을 도입하면 연간 인건비를 1000만 엔 줄일 수 있을 것으로 예상됩니다

B : 이 방법을 도입하면 연간 인건비를 최대 1000만 엔, 최소 600만 엔 줄일 수 있을 것으로 예상됩니다

답은 B다.

언뜻 보기에 A가 정확한 예측값을 내놓은 것 같지만, 이

런 식의 예측에는 두 가지 문제가 있다. 하나는 '어떤 계산을 거쳐서 나온 수치인지' 세부적인 사항에 의문이 생긴다는 점이다. 다른 하나는 '상황은 늘 변하기 마련인데 그렇게 한 가지 값을 답인 것처럼 말해도 괜찮은 것일까'라는 걱정을 하게 만든다는 점이다.

이렇게 정확한 값으로 예측하는 방식은 세부적인 사항을 신경 쓰게 만듦으로써 원래 주제에서 벗어나게 한다는 문제와, 듣는 사람을 불안하게 만든다는 문제를 유발하기 쉽다.

한편 B와 같은 방식은 '긍정적인 상황에서는 이 정도, 부정적인 상황에서는 이 정도'라고 융통성 있게 말함으로써 '상황별로 시뮬레이션을 해봤다'는 인상을 주어서 듣는 사람이 안심할 수 있게 해준다. '일부러 반론거리를 만들어서 그것을 논파해나간다'는 의사소통 기술도 있지만, 훌륭한 프레젠테이션이란 듣는 사람이 "다른 의견은 없습니다. 전부 맞는 말씀이십니다"라고 말할 수 있는 것이다. **무언가를 예측할 때에는 '정확한 답을 맞히는 것'보다 '답에서 크게 벗어나지 않는 것'이 더 중요하다.**

또한 B와 같이 긍정적인 예측과 부정적인 예측을 모두 구해놓으면, 그 중간에 해당하는 예측이 적중한다는 것을 통계학의 확률 분포로 설명할 수 있다.

예를 들어, 17세 남성의 키 분포를 그래프로 나타내면 [그림 10-2]와 같다. 가로축이 키, 세로축이 그 키에 해당하는 사람들이 전체에서 차지하는 비율(확률)을 나타낸다.

평균 키인 170.6cm 주변에 데이터가 밀집해 있고, 140cm대나 190cm대로 갈수록 데이터는 줄어든다. 이러한 데이터의 분포를 '정규 분포'라고 한다. 세상의 많은 일들이 발생하는 확률은 정규 분포를 따른다.

[그림 10-2] 17세 남성의 키 분포(평균 170.6cm, 표준편차 5.87)

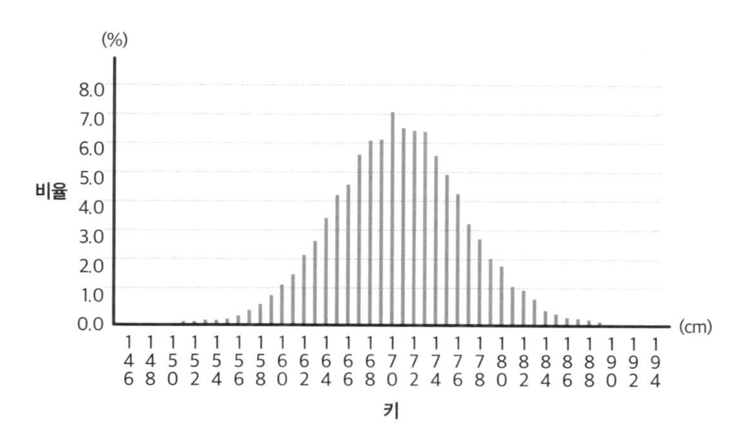

학교보건통계조사(2019년도) '연령별 키 분포도'를 바탕으로 직접 작성

인간은 원래 미래 예측에 약한 존재다. 예측을 못하는 사람은 한 번에 정확한 답을 찾으려고 한다. 하지만 **무언가를 예측할 때에 긍정적인 경우와 부정적인 경우에 대해 모두 예측해놓으면, 그 중간에 해당하는 예측이 적중하는 경우가 많다.**

자신의 일보다 타인의 일에 대해 더 잘 안다

마케팅 리서치 중에는 '이 상품이 세상에 나오면 얼마나 팔릴 것인가'를 사전에 알아보는 '수요 예측 조사'라는 것이 있다.

일반적으로는 '구매 의향 조사'라고 하는데, 조사 대상에게 필요한 정보(상품 패키지나 가격 등)를 보여주거나 실제로 상품을 사용해볼 수 있게 한 뒤 다음과 같은 질문을 한다.

Q. 이 상품을 사고 싶은가?

① 매우 사고 싶다

② 약간 사고 싶다

③ 어느 쪽도 아니다

④ 그다지 사고 싶지 않다

⑤ 전혀 사고 싶지 않다

이 질문에 대한 답변을 수집한 후에 그중에서 '매우 사고 싶다', '약간 사고 싶다'의 비율을 바탕으로 얼마나 팔릴지를 예측하는 방식이 주로 사용되었다. '사용되었다'고 표현한 이유는 이 방식으로는 정확한 수요를 예측하기가 어렵다는 사실이 밝혀졌기 때문이다. 구매 의향은 실제 구매 행동과 일치하지 않는 경우가 많다.

대표적인 사례로, 마케팅 역사상 최악의 실패라고 알려진 '뉴 코크 사건'이 있다. 1970~1980년대, 코카콜라의 시장 점유율은 줄어든 반면에 펩시콜라의 점유율은 늘어났다. 당시에 시행한 블라인드 테스트(눈을 가리고 맛을 평가하는 것)에서 대부분의 소비자가 '펩시콜라가 더 맛있다'고 평가했던 것이다. 그러자 코카콜라는 '블라인드 테스트에서 펩시를 이길 수 있는 제품을 만들자'라는 일념으로, 20만 명을 대상으로 사전 조사를 한 다음 '뉴 코크'를 출시했다. 하지만 뉴 코크는 전혀 팔리지 않았다. 결국 코카콜라는 기존의 제품을 '코카콜라 클래식'이라는 이름으로 재출시했다.

맥도날드에서도 비슷한 일이 있었다. 맥도날드는 신제품을 개발하기 위해 고객을 대상으로 설문조사를 진행했다. 그 결과 '좋은 재료를 사용하고 채소가 많이 들어 있는 건강한 햄버거를 먹고 싶다'는 답변이 많았으므로, 그에 따라 건강한 햄버거를 개발했다. 하지만 그것 역시 인기를 얻지 못했다.

이런 실패 사례는 얼마든지 더 찾을 수 있다. 사전 조사에서 '좋은 상품이다', '갖고 싶다'는 호의적인 반응을 얻었더라도 실제로 그 상품이 시장에 출시되었을 때 팔리지 않는 일은 흔하게 일어난다. 고객의 의견을 바탕으로 신제품을 만든다는 상품 개발법은 자주 활용되고 있지만, 고객의 의견을 곧이곧대로 받아들이다가는 낭패를 볼 수도 있다.

그러한 현상이 일어나는 원인은, 인간이 자신의 미래 행동을 예측하는 데 약하다는 '투사 편향'과 지식 수준이 높은 사람도 자신의 일에 대해서는 올바르게 인식하지 못한다는 '솔로몬의 역설'에서 찾을 수 있다.

이러한 수요 예측 조사의 문제점을 극복하기 위해 최근 마케팅 리서치에서는 질문 방식에 대한 연구를 하고 있다.

2016년 오사카경제대학교의 연구에 따르면, 탄산음료에 관한 조사에서 '그 상품이 사고 싶은가'라는 구매 의향이 있는지를 묻는 설문보다, '다른 사람들에게 얼마나 인기가 있을까'라는 타인의 선호를 예측하는 설문이 실제 매출과 관련성이 높은 것으로 나타났다.

'자신의 일이 아니라 타인의 일을 예측하는 방식'은 상품의 수요를 예측하는 경우뿐만 아니라 선거 결과를 예측하는 데에도 도움이 된다. 당선자를 예측할 때에는 '누구에게 투표했는가(=자신의 의향)'를 묻는 것보다 '누가 당선될 것인가(=다른 사람들의 행동을 집계한 결과)'를 묻는 편이 예측의 정확도가 높다는 사실이 여러 연구를 통해 밝혀졌다.

기술이 발달하고 인간의 행동 데이터를 대량으로 얻을 수 있는 시대가 되었다. 미래 예측에 뛰어난 사람은 '인간은 말하는 것과 실제 행동이 다르다'는 사실을 이해하고 있으므로, 사전 모니터링이나 상품 후기를 곧이곧대로 받아들이지 않는다. 대신 '이 상품이 출시되면 사람들은 어떻게 행동할 것인가?'를 소수의 인원을 대상으로 시험하고 관찰한다. 소비자의 마음을 한 번에 맞히려고 하는 것이 아니라, 시제품 단계에서부터 세상에 내어놓고 피드백을 받아서 궤도를 수정하고 제품을 개선해나감으로써, 결과적으로 소비자의 마음에 꼭 드는 상품을 만드는 것이다. 이러한 관점에서 힌트를 얻어서, 앞으로 무언가에 도전할 때는 처음부터 완벽을 노리기보다, 작게 시작해 크게 키우는 것을 목표로 하자.

마치며

여기까지 읽고 나니 어떤 생각이 드는가? '확률·통계는 어려운 계산을 하는 것'이라는 믿음에서 조금은 벗어났는가? '인생을 관통하는 철학 같아서 심오하다', '두뇌 운동이나 수수께끼 풀이를 한 것 같아서 재밌다', '더 공부하고 싶어졌다' 같은 생각이 든다면 정말 기쁠 것이다.

'숫자에 약하다'고 하는 사람이 내 주변에도 많은데, 그 사람들의 공통점은 '숫자를 직관적으로 이해하지 못한다'는 것이다. 숫자를 까다로운 개념이라고만 생각한다.

숫자는 0에서 9까지의 열 가지 기호를 사용해 표시한다. 이것을 10진법이라고 한다. 10진법을 사용하는 이유는 인간의 손가락이 10개이기 때문이다. 인간의 손가락이라는 신체에 맞추어 숫자가 개발되었다. 어린 시절 '사과가 한 개 있습니다. 어머니에게 사과를 두 개 받았습니다. 이제 사과는 모두 몇 개일까요?' 같은 덧셈 문제를 풀 때에는 손가락을 접어가며 수를 세었을 것이다. 그렇게 손가락이라는 신체 감각으로 숫자를 배웠다.

받아올림이 있는 덧셈, 곱셈, 공식에 대입하기처럼 손가락 10개로는 불가능한, 즉 신체 감각을 뛰어넘는 계산을 해야 하는 단계가 되면, 숫자를 '감각'이 아니라 '암기'를 통해 배우게 된다. 그러다 보니 '이해를 못하겠어' '난 숫자에 약해'라는 생각이 드는 것이다. 나는 구구단을 외우는 것조차 버거웠고, 두 자릿수 나눗셈을 배울 때에는 전혀 이해가 안 되어서 울기도 했다. 이런 과정을 거쳐서 수학 알레르기의 소유자가 되었고 가능한 한 수학을 피하면서 살아왔다.

하지만 자칭 '수학 알레르기' 상태로 사회인이 되자, 매우 난처한 상황에 처하게 되었다. '왠지 모르게 돈이 없네' '딱히 사치를 부리는 것도 아닌데 저금을 할 수가 없어' '큰 마음 먹고 자동차를 샀더니 생활비가 빠듯해' 등. 분명 열심히 일을 하고 있는데도 그런 상태에서 벗어나질 못했다.

그 시절에는 옷을 사러 갔을 때 1만 엔짜리 상품을 5000엔에 팔고 있다면 그렇게까지 마음에 쏙 들지 않더라도 반값이라는 생각에 종종 사기도 했다. 하지만 200만 엔이나 하는 자동차를 살 때에는 '5000엔 정도는 할인해주세요' 같은 말은 꺼내볼 생각조차 하지 못했다. 그냥 그쪽에서 제시한 조건이 적힌 계약서에 도장을 찍었다. 둘 다 '5000엔 할인'이라는 점은 같은데 자동차를 살 때에는 그 정도 할인으로는 기쁘지 않았기 때문이다.

이렇듯 같은 5000엔이라도 상황에 따라서 저절로 가중치가 다르게 매겨진다. 이것은 제9장에서 설명한 '심리 회계'와 관련된 내용이므로 다시 한번 읽어보는 것을 추천한다. 금액이 커질수록 신체 감각을 넘어선 문제가 되므로 그 가치를 올바르게 인식하지 못하게 된다.

시간에 관해서도 마찬가지다. '특별히 한 일도 없는데 벌써 퇴근시간이야' '이 업무를 하는 데에 시간이 얼마나 걸릴지 모르겠어'라는 생각을 하는 사람도 꽤 있다.

이렇게 작은 손해를 반복해서 입다 보면 결국 크게 후회를 하게 된다. 세상에 퍼져 있는 거짓말이나 오해는 대부분 확률·통계와 관련된 문제다. 빈집털이를 막기 위해서는 빈집털이범의 수법을 알아야 하듯이, 숫자에 속지 않으려면 속이는 방법을 알아두어야 한다는 사실을 명심하기 바란다.

사토 마이